常见草本植物

生命百科编委会 编著

中国大百科全书出版社

图书在版编目（CIP）数据

常见草本植物 / 生命百科编委会编著 . -- 北京 ：
中国大百科全书出版社，2025. 1. --（生命百科）.
ISBN 978-7-5202-1695-1

Ⅰ . Q949.4-49

中国国家版本馆 CIP 数据核字第 2025H7L693 号

总 策 划：刘　杭　郭继艳

策划编辑：王　阳

责任编辑：王　阳

责任校对：梁嬿曦

责任印制：王亚青

出版发行：中国大百科全书出版社有限公司

地　　址：北京市西城区阜成门北大街 17 号

邮政编码：100037

电　　话：010-88390811

网　　址：http://www.ecph.com.cn

印　　刷：唐山富达印务有限公司

开　　本：710mm×1000mm　1/16

印　　张：10

字　　数：100 千字

版　　次：2025 年 1 月第 1 版

印　　次：2025 年 1 月第 1 次印刷

书　　号：ISBN 978-7-5202-1695-1

定　　价：48.00 元

—— 总　序

这是一套面向大众、根植于《中国大百科全书》第三版（以下简称百科三版）的百科通俗读物。

百科全书是概要记述人类一切门类知识或某一门类知识的完备的工具书。它的主要作用是供人们随时查检需要的知识和事实资料，还具有扩大读者知识视野和帮助人们系统求知的教育作用，常被誉为"没有围墙的大学"。简而言之，它是回答问题的书，是扩展知识的书。

中国大百科全书出版社从 1978 年起，陆续编纂出版了《中国大百科全书》第一版、第二版和第三版。这是我国科学文化建设的一项重要基础性、标志性、创新性工程，是在百年未有之大变局和中华民族伟大复兴全局的大背景下，提升我国文化软实力、提高中华文化国际影响力的一项重要举措，具有重大的现实意义和深远的历史意义。

百科三版的编纂工作经国务院立项，得到国家各有关部门、全国科学文化研究机构、学术团体、高等院校的大力支持，专家、学者 5 万余人参与编纂，代表了各学科最高的专业水平。专家、作者和编辑人员殚精竭虑，按照习近平总书记的要求，努力将百科三版建设成有中国特色、有国际影响力的权威知识宝库。截至 2023 年底，百科三版通过网站（www.zgbk.com）发布了 50 余万个网络版条目，并陆续出版了一批纸质版学科卷百科全书，将中国的百科全书事业推向了一个新的高度。

重文修武，耕读传家，是我们中国人悠久的文化传承。作为出版人，我们以传播科学文化知识为己任，希望通过出版更多优秀的出版物来落实总书记的要求——推动文化繁荣、建设中华民族现代文明，努力建设中国式现代化强国。

为了更好地向大众普及科学文化知识，我们从《中国大百科全书》第三版中选取一些条目，通过"人居环境""科学通识""地球知识""工艺美术""动物百科""植物百科""渔猎文明""交通百科"等主题结集成册，精心策划了这套大众版图书。其中每一个主题包含不同数量的分册，不仅保持条目的科学性、知识性、准确性、严谨性，而且具备趣味性、可读性，语言风格和内容深度上更适合非专业读者，希望读者在领略丰富多彩的各领域知识之时，也能了解到书中展示的科学的知识体系。

衷心希望广大读者喜爱这套丛书，并敬请对书中不足之处给予批评指正！

《中国大百科全书》编辑部

"生命百科"丛书序

　　生命的诞生源自生物分子的出现，历经生物大分子、细胞、组织、器官、系统至个体、种群、人类的过程。在宏观进化链中，生物进化范畴的最顶端是人类的出现。

　　从个体大小上讲，生命体有高大的木本植物，有低矮的草本植物，还有能引起人类或动植物疾病的真菌、细菌、病毒等微生物。从生活空间上讲，生命体有广布全球的鸟，有在水中自由自在的鱼等。从感官上讲，生命体有香气宜人的植物，也有赏心悦目的花。从发育学上讲，有变态发育的动物（胚胎发育过程中形态结构和生活习性有显著变化的动物，也称间接发育动物），如昆虫；也有直接发育的动物（胚后发育过程中幼体不经过明显的变化就逐渐长成成体的动物），如包括人类在内的哺乳动物、鸟类、鱼类和爬行类等。有的生命体还是治疗其他动植物疾病的药，如以药用动植物为主要原料的药物等。为维持生命体健康地生长与发育，认识疾病、诊断疾病、治疗疾病很有必要。

　　为便于读者全面地了解各类生物，编委会依托《中国大百科全书》第三版生物学、作物学、园艺学、林业、植物保护学、草业科学、渔业、畜牧、现代医学、中医药等学科内容，组织策划了"生命百科"丛书，编为《常见木本植物》《常见草本植物》《香气宜人的植物》《赏心悦目的花》《广布全球的鸟》《自由自在的鱼》《变态发育的昆虫》《认识人体》《常见的疾病》《常见的疾病诊断方法》《治疗百病的药——

现代药》《治疗百病的药——中药方剂》等分册，图文并茂地介绍了各类生命体及与人类健康相关知识。

希望这套丛书能够让更多读者了解和认识各类生命体，起到传播生命科学知识的作用。

生命百科丛书编委会

目　录

第5章 二年生或多年生草本植物 91

第6章 多年生草本植物 101

一年生草本植物

百日草

百日草是菊科百日菊属直立性一年生草本植物，又称步步高。

◆ 起源与分布

百日草原产于墨西哥，世界各地广泛栽培，有时逸为野生。园林中常用的是通过杂交培育出的品种，品种繁多，可达数百种。

◆ 形态特征

百日草茎直立，高 30 ～ 120 厘米，被糙毛或长硬毛。叶宽卵圆形或长圆状椭圆形，两面粗糙，下面被密短糙毛，基出 3 脉，单叶对生，无叶柄，基部抱茎。头状花序单生枝端，舌状花多轮，倒卵形，深红色、玫瑰色、紫堇色或白色，舌片倒卵圆形，先端 2 ～ 3 齿裂或全缘，上面被短毛，下面被长柔毛。管状花黄色或橙色，先端裂片卵状披针形。花朵直径 4 ～ 15 厘米。雌花瘦果倒卵圆形，管状花瘦果倒卵状楔形。花期 6 ～ 9 月，果期 7 ～ 10 月。花型丰富多变，有单瓣、重瓣、卷瓣、皱瓣等。花色从白色和奶油色到粉红色、红色和紫色，再到绿色、黄色、杏色、橙色、鲑鱼色和青铜色，也有条纹、斑点和双色品种。在植株高

度方面，已培育出低于 15 厘米的矮化品种用于盆栽，同时亦有适宜作
为切花的高秆品种。

百日草的叶

百日草的花

◆ 栽培管理

百日草易栽培，喜排水良好、肥沃的土壤和充足的阳光，在干燥温
暖（15 ～ 30℃）、无霜冻的地区生长良好，很多品种较耐旱，因此在
中国北方地区更为适宜。百日草不耐寒，温带地区需要在霜冻后进行播
种。播种前，土壤和种子要经过严格的消毒处理，以防生长期出现病虫
害。基质用腐叶土 2 份、河沙 1 份、泥炭 2 份、珍珠岩 2 份混合配制而

成。定植时盆底施入 2 ～ 3 克复合肥，定植后用 800 倍液敌克松灌根消毒，待根系生长至盆底即可开始追肥，每周施肥 2 ～ 3 次。定植 1 周后开始摘心，摘心后可喷 1 次杀菌剂并施 1 次重肥。常见病害有白星病、黑斑病、花叶病等，虫害有蚜虫、红蜘蛛等。

◆ 用途

百日草是著名观赏植物，夏季开花且可开至初秋，花朵陆续开放，长期保持鲜艳的色彩，象征友谊天长地久。百日草第一朵花开在顶端，然后侧枝顶端开花比第一朵更高，因此又得名"步步高"。百日草株形美观，花大色艳，开花早且花期长，可按高矮分别用于花坛、花境、花带，矮型品种用于盆栽。

地锦草

地锦草是大戟科大戟属一年生匍匐草本植物，又称地锦、红丝草。

◆ 分布及危害

地锦草生长于农田、果园、草坪、田边、路旁、河滩等较湿润肥沃的土壤，亦耐干旱。花期 6 ～ 10 月，果实 7 月渐次成熟。以种子进行繁殖。

地锦草在中国除广东、广西外，几乎遍布，日本也有分布，是农田常见杂草，主要危害秋熟旱田作物，如玉米、棉花、豆类、薯类、蔬菜等。

◆ 形态特征

地锦草茎匍匐，纤细，近基部多分枝，带紫红色，无毛或疏被白色长柔毛，长 10 ～ 30 厘米。叶对生，叶片长圆形，长 5 ～ 10 毫米，宽 4 ～ 7 毫米，先端钝圆，基部偏狭，边缘有细齿，两面无毛或疏生柔毛，绿色或淡红色；叶柄极短；托叶线形，通常 3 裂。杯状花序单生于叶腋，总苞倒圆锥形，长约 1 毫米，浅红色，顶端 4 裂，裂片长三角形，膜质，裂片间有腺体，扁椭圆形，有白色花瓣状附属物；子房 3 室；花柱 3，顶端 2 裂。蒴果三棱状球形，光滑无毛，直径约 2 毫米。种子卵形，长约 1.2 毫米，宽约 0.7 毫米，黑褐色，外被白色蜡粉。子叶长圆形，无毛，初生叶 2 片，下胚轴较发达，光滑，常暗红色，幼苗植株常匍匐地面，茎折断有白色汁液。

地锦草植株

地锦草的花序

◆ 防治方法

防除技术方法主要有以下两种：①化学防治。常用播后苗前土壤处理除草剂莠去津、扑草净、氯嘧磺隆、乙氧氟草醚等防治。常用苗后茎叶处理除草剂 2,4- 滴异辛酯、2 甲 4 氯、苯达松、氟磺胺草醚、乙羧氟草醚等，于苗期喷雾处理。②综合防治。农作物田可采取精选种子、施腐熟有机肥、秸秆还田、合理密植、机械中耕等农艺措施防控地锦危害。

◆ **药用价值**

全草入药，具有祛风、解毒、利尿、通乳、止血、杀虫等功效。

耳基水苋菜

耳基水苋菜是千屈菜科水苋菜属一年生草本植物。

◆ **分布及危害**

耳基水苋菜常生长于湿地和水稻田中，比水苋菜较少见。耳基水苋菜广布于世界热带地区，在中国分布于广东、福建、浙江、江苏、安徽、湖北、河南、河北、陕西、甘肃及云南等地。耳基水苋菜原为稻田一般性杂草，近年来在多地蔓延，危害较严重的田块常见成片覆盖在水稻上面。

◆ **形态特征**

耳基水苋菜茎直立，少分枝，无毛，上部的茎4棱或略具狭翅。叶对生，狭披针形或矩圆状披针形，基部扩大，多少呈心状耳形，半抱茎；无柄。聚伞花序腋生，小苞片线形，萼筒钟形；花瓣4，近圆形，早落。蒴果扁球形，成熟时约1/3突出于萼之外，紫红色，呈不规则周裂；种子半椭圆形。

◆ **防治措施**

2甲-苯达松、氧氟-异丙草胺等除草剂对耳基水苋菜防除效果较好，例如30%的2甲-苯达松水剂，在2～3叶期施药，亩用量150～200毫升。

凤仙花

凤仙花是凤仙花科凤仙花属一年生草本植物，又称指甲花。

◆ **起源与分布**

凤仙花原产于中国、印度、马来西亚。同属植物约 600 种，中国约 180 种。

◆ **形态特征**

凤仙花植株高 50 ～ 100 厘

凤仙花植株

米。茎肉质，下部节部膨大，青绿色或红褐色至深褐色。叶互生，狭或阔披针形，边缘有锯齿。花腋生，单朵或数朵，有膨大中空向内弯曲的距，花瓣 5 枚，旗瓣有圆形凹头，翼瓣宽大 2 裂，有白、粉、红、玫瑰红、紫等色或带斑点色彩。

◆ **繁殖方法**

凤仙花植株健壮，生长迅速，喜炎热，畏寒冷，耐瘠薄土壤。通常用播种方法繁殖。栽培品种较多，除花色多样外，亦有半重瓣、重瓣品种。

◆ **用途**

凤仙花是花坛、篱旁、花境、庭前常见的草花，矮生重瓣品种适于盆栽。红色花瓣加明矾捣碎可染指甲，种子入药名为"急性子"，茎入药称"凤仙透骨草"。同属常见栽培的除凤仙花外，还有包氏凤仙、何氏凤仙、水凤仙、紫凤仙、苏丹凤仙等。

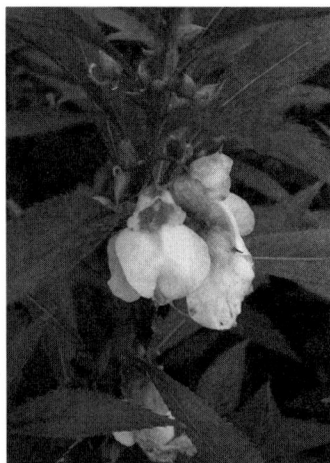
凤仙花的叶和花

胡芦巴

胡芦巴是豆科胡芦巴属一年生草本植物，又称胡卢巴、香豆子、香草等。以其干燥成熟种子入药，药材名胡芦巴。

◆ **分布**

中国有胡芦巴的广泛种植和野生资源分布，在内蒙古、黑龙江、吉林、辽宁、贵州、青海、宁夏、陕西、甘肃、新疆以及华中南地区均有栽培。在地中海、非洲北部、美国南部和印度等地也有种植。

胡芦巴植株

◆ **形态特征**

胡芦巴株高 30 ～ 80 厘米。根系发达，茎直立，圆柱形，多分枝，微被柔毛。羽状三出复叶，托叶全缘，膜质，被毛。花无梗，1 ～ 2 朵着生叶腋，花冠黄白色或淡黄色，花柱短，柱头头状，胚珠多数。荚果圆筒状，有种子 10 ～ 20 粒，种子长圆状卵形，棕褐色。花期 4 ～ 7 月。果期 7 ～ 9 月。

◆ **生长习性**

胡芦巴喜温暖、稍干燥的气候，耐旱、耐寒、怕高温潮湿气候，对土壤要求不严，但要具有良好的灌溉与排水条件。

◆ **繁殖方法**

胡芦巴以种子繁殖。撒播、条播或穴播均可，播种后约 7 天出苗。

◆ **栽培管理**

胡芦巴栽培管理要点有：①选地与整地。选温暖稍干燥、凉爽肥沃、排水良好的土壤。清明前后先整地后播种，开浅沟，种子均匀撒入，盖土，压实后浇水。黏土、低洼积水或碱土地，不宜栽植。②田间管理。生长中要适时除草松土，减少病虫滋生。施用氮肥的基础上，配施适量磷、钾

胡芦巴的花

肥或以氮磷钾复合肥作基肥，利于高产。干旱时，浇水；多雨时，排水。③病虫害防治。主要有霜霉病和蚜虫等，可用药剂防治。

◆ **采收加工**

胡芦巴果实成熟时割取全草，打下种子，晒干，除去杂质。

◆ **药用价值**

药材胡芦巴味苦，性温，具温肾阳、逐寒湿、止痛功效。用于肾阳不足，下元虚冷，小腹冷痛，寒疝腹痛，寒湿脚气等症。

画眉草

画眉草是禾本科画眉草属一年生旱生草本植物，又称蚊子草、星星草。

◆ **分布及危害**

画眉草分布于全球温暖地区，中国各地均有分布。画眉草生长于耕地、田边、路旁和荒地，为秋熟旱作田常见杂草。主要危害玉米、大豆、花生、向日葵、棉花等秋熟旱作物。发生量较小，危害轻。

◆ **形态特征**

画眉草成株秆丛生，直立或基部膝曲上升，高 15 ～ 60 厘米，通常具 4 节，光滑。叶鞘稍压扁，鞘口具长柔毛；叶舌退化为 1 圈纤毛；叶片线形，长 6 ～ 20 厘米，宽 2 ～ 3 毫米，扁平或内卷，背面光滑，表面粗糙。圆锥花序较开展，长 15 ～ 25 厘米，分枝单生、簇生或轮生，腋间具长柔毛；小穗长 3 ～ 10 毫米，有 4 ～ 14 朵小花，成熟后暗绿色或带紫黑色；颖膜质，披针形，先端钝或第二颖稍尖，长 1 ～ 1.5 毫米，第一颖常无脉，第二颖有 1 脉；第一外稃广卵形，长 1.5 ～ 2 毫米，先端尖，具 3 脉；内稃稍作弓形弯曲，长约 1.5 毫米，脊上有纤毛；雄蕊 3。颖果长圆形，长约 0.8 毫米。幼苗子叶留土。第一真叶线形，长 1 厘米，宽 0.8 毫米，5 条直出平行脉，无叶耳和叶舌。以种子繁殖进行。花果期 8 ～ 11 月。

◆ **防治方法**

画眉草的防除技术方法主要有以下两种：①化学防治。在播前或播后苗前，选择氟乐灵、地乐胺、二甲戊灵、甲草胺、乙草胺、异丙草胺等土壤处理。苗后茎叶处理可选择精喹禾灵、高效氟吡甲禾灵、精吡氟禾草灵、稀禾啶和烯草酮等。非耕地可使用草甘膦或草铵膦做茎叶处理。②综合防治。采取精选种子、施腐熟有机肥、秸秆还田、合理密植、机械中耕等农艺措施防控画眉草危害。

画眉草的小穗

鸡眼草

鸡眼草是豆科鸡眼草属一年生草本植物，又称三叶人字草、鸡眼豆、掐不齐。

◆ 分布及危害

鸡眼草在中国分布于黑龙江、吉林、辽宁、内蒙古、山东、山西、安徽、福建、台湾、广东、广西、贵州、河北、河南、湖北、湖南、江苏、江西、浙江、四川、云南，生长于海拔 500 米以下的山坡、沙地、溪边、路边、草地、林缘和林下等潮湿环境，常能连片生长成地毯状。鸡眼草为果园主要杂草、茶园常见杂草、草坪危害严重杂草。生命力强，耐践踏。

◆ 形态特征

鸡眼草成株高（5 ～）10 ～ 45 厘米，披散或平卧，多分枝，茎和枝上被倒生的白色细毛。叶互生，三出复叶；托叶大，膜质，卵状长圆形，比叶柄长，长 3 ～ 4 毫米，具条纹，有缘毛；叶柄极短；小叶纸质，倒卵形、长倒卵形或长圆形，较小，长 6 ～ 22 毫米，宽 3 ～ 8 毫米，先端圆形，稀微缺，基部近圆形或宽楔形，全缘；两面沿中脉及边缘有白色粗毛，但上面毛较稀少，侧脉多而密。花小，单生或 2 ～ 3 朵簇生于叶腋；花梗下端具 2 枚大小不等的苞片，萼基部具 4 枚小苞片，其中 1 枚极小，位于花梗关节处，小苞片常具 5 ～ 7 条纵脉；花萼钟状，带紫色，5 裂，裂片宽卵形，具网状脉，外面及边缘具白毛；花冠粉红色或紫色，长 5 ～ 6 毫米，约是萼长的 1 倍，旗瓣椭圆形，下部渐狭成瓣柄，具耳，龙骨瓣比旗瓣稍长或近等长，翼瓣比龙骨瓣稍短。荚果圆形或倒卵形，稍侧扁，长 3.5 ～ 5 毫米，较萼稍长或长达 1 倍，先端短尖，被小柔毛。幼苗子叶出土，下胚轴极发达，具细茸毛，上胚轴明显，密被斜垂直生毛。初生叶 2 片，单叶对生，叶片倒卵形，先端微凹；后生叶为三出掌状复叶，小叶三角状倒卵形，先端微凹，具小突尖，叶基楔形；总叶柄基部有膜质托叶，柄上密生短柔毛。花期 7 ～ 9 月，果期 8 ～ 10 月。

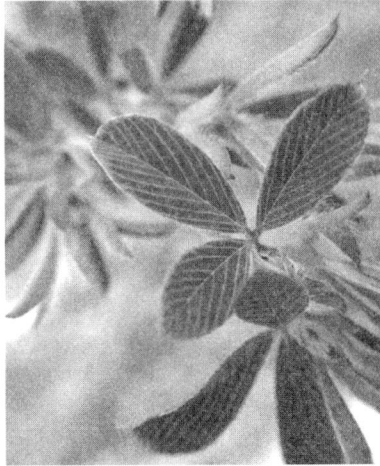

鸡眼草的叶

◆ **防治方法**

可采用草甘膦、草铵膦、氯氟吡氧乙酸、砜嘧磺隆等对鸡眼草进行化学防治，也可通过种植生命力强、覆盖性好的植物进行替代控制。

◆ **用途**

鸡眼草全草药用，具有解热止痢、利尿等功效；全草作饲料和绿肥；是重金属超积累植物，与蔬菜间作可降低蔬菜重金属积累。

金色狗尾草

金色狗尾草是禾本科狗尾草属一年生旱生草本植物，又称金狗尾、谷钮。

◆ **分布及危害**

金色狗尾草生长于旱作物地、田边、路旁和荒芜的园地及荒野，为秋熟旱作地的常见杂草，有时入侵直播稻田，在果、桑、茶园危害严重，路旁、荒野则发生量大。金色狗尾草在中国南北各省都有分布和危害；广布于欧亚大陆的温暖地带，美洲、澳大利亚等国家也有传入。

◆ **形态特征**

金色狗尾草成株高 20～90 厘米。茎基部分枝。叶片线形，长 5～40 厘米，顶端长渐尖，基部钝圆；叶鞘无毛，下部压扁具脊，常显紫红色，上部圆柱状；叶舌退化为 1 圈长约 1 毫米的柔毛。圆锥花序圆柱状，紧缩，长 3～17 厘米，宽 4～8 毫米（刚毛除外），主轴被微柔毛；刚毛金黄色或稍带褐色；通常 1 簇仅 1 个小穗，小穗椭圆形，长 3～4 毫米，顶端尖；第一颖有 3 脉，长约为小穗的 1/3，第二颖长约为小穗 1/2，顶端钝，有 5～7 脉；第一小花雄性，有雄蕊 3 枚，其外稃约与小穗等长，具 5 脉，内稃膜质，长和宽约与第二小花相等；第二小花两性，外稃约与第一小花等长，顶端尖，黄色或灰色，背部隆起，具明显的横皱纹，成熟时与颖一起脱落。颖果宽卵形，具明显的皱纹；果实脐明显，近圆形，褐黄色；腹面扁平；胚椭圆形，长占颖果的 2/3～3/4，色与颖果同。幼苗第一叶线状长椭圆形，先端锐尖；第 2～5 叶为线状披针形，先端尖，叶鞘无毛，叶舌毛状，叶耳外侧常紫红色。以种子进行繁殖。苗期 3～7 月，花果期 5～10 月。

◆ **防治方法**

金色狗尾草防除技术方法主要有以下两种：①化学防治。在玉米、大豆、花生、棉花田，选择乙草胺、精异丙甲草胺等播后苗前做土壤处理；玉米田苗后金色狗尾草 2～4 叶期，可用烟嘧磺隆做茎叶处理，此外,也可用复配制剂烟嘧磺隆·莠去津、硝磺草酮·莠去津、烟嘧磺隆·硝磺草酮·莠去津等做茎叶处理。大豆、花生、棉花田苗后于金色狗尾草3～5叶期内,可选用精喹禾灵、烯草酮、高效氟吡甲禾灵等做茎叶处理。果园采用草铵膦、精喹禾灵等做茎叶处理。②综合防治。耕作措施可有效防治金色狗尾草。除了上述措施外,还应根据作物栽培耕作条件及生态种植区域特点,采取农艺措施,如一播全苗、合理密植、麦秸覆盖、地膜覆盖、水肥管理等,提高作物生长竞争能力,抑制金色狗尾草生长及繁殖。

◆ 用途

金色狗尾草秆叶可作牲畜饲料。

孔雀草

孔雀草是菊科万寿菊属一年生草本植物。

◆ 起源与分布

孔雀草原产于墨西哥和危地马拉,在其他许多国家已成为归化物种。孔雀草自16世纪引入法国后,研究培植出许多变种,已经有上百个品种,包括单瓣、重瓣及迷你型。

◆ 形态特征

孔雀草株高30～100厘米。茎直立,自近基部多分枝。叶羽状分裂,叶缘具锯齿,锯齿基部通常具1腺体。头状花序单生,直径3.5～4.0厘米。花序梗长5.0～6.5厘米,顶端膨大。舌状花位于头状花序的外周,金黄色或橙色,带有红色斑点或条斑;管状花位于中央,金黄色。花朵

孔雀草的花

和叶片可散发特殊的气味。瘦果线形，成熟后两周内脱落。花期 7 ～ 10 月。

◆ **栽培管理**

种植孔雀草的土壤需要排水良好，砂质壤土至黏质壤土均可。孔雀草耐寒性较弱，对霜冻敏感，喜日照充足的环境。采用播种繁殖，中国长江中下游地区一年四季可播种。常见病害有褐斑病、白粉病等，栽培过程中定期观察，早发现早治疗，以预防为主。

◆ **用途**

孔雀草是一种易于种植的花坛花卉，具有以下用途：①观赏。植株适应性强、花色艳丽，非常适合作为花坛、容器、庭院、花境镶边植物栽培。②染色。在孔雀草花期时采收花朵，添加到家禽饲料中，可帮助蛋黄呈现金色。小花也可用于为人类食物着色。金黄色染料可在不使用媒染剂的情况下，用于为动物性纺织品（羊毛、丝绸）着色。③精油。在开花时采收并蒸馏提取其精油，可用于调制香水。

鳢　肠

鳢肠是菊科鳢肠属一年生草本植物，又称旱莲草。

◆ **分布及危害**

鳢肠在世界热带及亚热带地区都有分布，在中国分布于各省区。鳢肠喜潮湿，常见于河边、田边或路旁。鳢肠能在多种作物田发生危害，属棉田恶性杂草之一。

◆　**形态特征**

鳢肠茎可长至60厘米，呈直立状、斜升状或平卧状，基部分枝，有糙毛。叶无柄或柄极短，叶呈披针形，边缘呈细锯齿或波状，两面密被糙毛。头状花序，总苞球状钟形，外

鳢肠的花

围两层舌状雌花，中央多数为两性花，花冠白色管状，托片呈披针或线形，中部往上有微毛。雌花瘦果三棱形，两性花瘦果扁四棱形，暗褐色，无毛。花期6～9月。

◆　**防治方法**

以化学防治为主，结合农业防治措施对鳢肠进行防治。化学防治常采用苯噻酰草胺、苄嘧磺隆等除草剂进行防除。

莲子草

莲子草是苋科莲子草属一年生水陆两栖草本植物，又称虾钳菜、满天星、蟛蜞菊。

◆　**分布及危害**

莲子草在中国华东、华中、西南、华南均有分布；印度、缅甸、越

南、马来西亚和菲律宾等国家也有分布。莲子草为水田边、草地、湿润的旱田、菜园、苗圃和果园的常见杂草，有时危害较重。莲子草与作物争水、争肥、争光，降低作物产量；生长速度快，竞争力强，危及生物多样性。

◆ **形态特征**

莲子草植株高 10 ～ 50 厘米。茎匍匐或斜升，多分枝，具纵沟，沟内生柔毛，节明显，有毛。叶对生，条状披针形或倒卵状矩圆形，长 1 ～ 8 厘米，宽 5 ～ 20 毫米，全缘。头状花序 1 ～ 4 腋生，球形，无花序梗；果序圆柱形，径 3 ～ 6 毫米；苞片、小苞片、花均为白色，花被片 4 ～ 5，宿存，雄蕊 3，花丝基部合生，呈杯形。

莲子草的叶和花

胞果倒心形，边缘常具翅，包于花被内。种子卵球形。幼苗上、下胚轴发达，均呈紫红色，子叶阔椭圆形，先端钝圆，全缘；初生叶对生，先端钝尖，叶缘微波状，叶基楔形，羽状叶脉明显。

◆ **繁殖方法**

莲子草花果期 5 ～ 9 月，以匍匐茎进行营养繁殖和种子繁殖。

◆ **防治方法**

莲子草的防除技术方法主要有以下两种：①农业及物理防治。结合农业措施，翻耕换茬时挖除在土中的根茎，务必晒干或烧毁。行间较宽且较为平整的果园，也可用地布或黑膜覆盖。②化学防治。在水稻田、玉米田、小麦田、禾本科草坪，莲子草苗期，可用氯氟吡氧乙酸茎叶喷雾防除。在深根系果园，可用草甘膦、氯氟吡氧乙酸、草铵膦，或草甘膦混用氯氟吡氧乙酸、草甘膦混用草铵膦防除，避免药液喷施到果树叶片上。

◆ 用途

莲子草全株入药，清热解毒，凉血；也可饲用。

龙　葵

龙葵是茄科茄属一年生旱生草本植物，又称野海椒、野茄秧、老鸦眼子、苦葵、黑星星、黑油油。

◆ 分布及危害

龙葵在中国各地均有分布，欧洲、亚洲、美洲的温带至热带地区也分布广泛。龙葵适生于田边、荒地及村庄附近的旱地环境，为秋熟作物田、蔬菜田和路埂常见杂草。龙葵主要危害蔬菜及棉花、玉米、大豆、甘薯等秋熟旱田作物，因单株投影面积较大，易使矮棵作物遭受危害。龙葵通常危害不严重，但由于长期使用单一的除草剂进行化学除草，在东北、新疆地区的玉米、大豆、棉花田龙葵发生量呈上升趋势，在局部地区成了难防杂草。

◆ 形态特征

龙葵植株粗壮，高30～100厘米。茎直立，多分枝，绿色或紫色，近无毛或被微柔毛。叶卵形，长2.5～10厘米，宽1.5～5.5厘米，先

龙葵的花

端短尖，叶基楔形至阔楔形而下延至叶柄，全缘或具不规则的波状粗齿，光滑或两面均被稀疏短柔毛；叶柄长 1 ～ 2 厘米。短蝎尾状聚伞花序腋外生，通常着生 4 ～ 10 朵花，花梗下垂；花萼杯状，绿色，5 浅裂；花冠白色，辐状，5 深裂，裂片卵圆形，长约 2 毫米；花丝短，花药黄色，顶孔向内；子房卵形，花柱中部以下被白色绒毛，柱头头状。浆果球形，直径约 8 毫米，成熟时黑色。种子近卵形，两侧压扁，长约 2 毫米，淡黄色，表面略具细网纹及小凹穴。子叶阔卵形，先端钝尖，叶基圆形，边缘生混杂毛，具长柄。下胚轴极发达，密被混杂毛，上胚轴极短，略带暗紫色。初生叶 1 片，阔卵形，先端钝状，叶基圆形，叶缘生混杂毛，密生短柔毛；后生叶与初生叶相似。以种子进行繁殖，当年种子一般不萌发，经越冬休眠后才发芽出苗。苗期 4 ～ 6 月，花果期 7 ～ 10 月。

◆ **防治方法**

龙葵的防除技术方法主要有以下两种：①化学防治。化学防治是防除龙葵最主要的技术措施。玉米田常用土壤处理剂有莠去津、苯嘧磺草胺、噻吩磺隆、唑嘧磺草胺、嗪草酮、2,4-滴丁酯（异辛酯）等及混配制剂；茎叶处理剂有烟嘧磺隆、苯唑草酮、硝磺草酮、辛酰溴苯腈、氯吡嘧磺隆、氯氟吡氧乙酸（异辛酯）、2,4-滴异辛酯、2 甲 4 氯、麦草畏等及混配制剂，烟嘧磺隆对龙葵防效较低。大豆田常用土壤处理剂有噻吩磺隆、丙炔氟草胺、唑嘧磺草胺、嗪草酮、2,4-滴丁酯（异辛酯）、咪唑乙烟酸等及混配制剂；茎叶处理剂有灭草松、氟磺胺草醚、三氟羧草醚、乙羧氟草醚、氯酯磺草胺、咪唑乙烟酸等及混配制剂。可根据需要和生产情况加入喷雾助剂。②综合防治。还应结合耕作、生态、农艺措施进行综合防治。若苗前土壤处理药效差，应在苗后进行一次茎叶处理；当化学防除效果较差时，应及时进行人工辅助锄草。在作物生长中后期、杂草种子成熟之前还应进行人工拿大草，以减少田间杂草种子库的种子来源。

◆ **药用价值**

龙葵全株入药，具有散瘀消肿、清热解毒之功效。

陌上菜

陌上菜是玄参科母草属一年生直立草本植物，又称白猪母草。

◆ **分布及危害**

陌上菜广布于日本、俄罗斯、亚洲南部及欧洲南部，中国各省均有分布。陌上菜常见于潮湿和积水的地方，是稻田和路边的常见杂草，发生量较大，危害较重。

◆ **形态特征**

陌上菜根较细密，聚成丛状。茎高5～20厘米，基部分枝较多，无毛。叶无柄，

陌上菜的叶

叶片略带菱形,叶并行脉,两面均无毛。花呈粉红色或紫色,下唇略大于上唇,单生于叶腋。蒴果呈球形或卵球形,种子有格纹。花期为7～10月,果期在9～11月,种子量大。

◆ **防治方法**

主要采取农艺措施和化学除草相结合的方法防治陌上菜。化学除草剂以2甲4氯和磺酰脲类除草剂苄嘧磺隆、吡嘧磺隆等防除效果较好。

青　葙

青葙是苋科青葙属一年生草本植物,又称野鸡冠花。

◆ **分布及危害**

青葙在中国分布于河北、河南、陕西、山东及长江流域及其以南各省区;朝鲜、日本、中南半岛、菲律宾、印度、南美等国家和地区也有分布。

青葙为长江以南地区玉米、大豆、棉花及甘薯等秋熟旱作物田的主要杂草,在有些地区发生普遍,危害较重,也是果园、路旁及荒地常见的杂草。

◆ **形态特征**

青葙植株高30～100厘米。茎直立,有分枝,绿色或红色,具明显条纹。叶矩圆状披针形,长5～8厘米,宽1～3厘米,绿色常带红色,具小芒尖。穗状花序顶生;花密生,粉红色;苞片及小苞片披针形,白色,顶端延长成细芒;花被片披针形,粉红色,后变白色;

雄蕊 5；柱头 2 ～ 3 裂。胞果卵形，盖裂，包裹在宿存花被片内。种子肾圆形，黑色，有光泽。子叶出土，椭圆形，具短柄；下胚轴发达，紫红色，上胚轴亦较发达，圆柱状，绿色；初生叶 1 片，互生，近菱形，先端锐尖，全缘，叶基渐窄，有明显的羽状脉，具柄。

◆ 生长习性

青葙为旱田杂草，通常在碰触植株时，胞果开裂，散落种子于土壤中，亦随收获作物散落于粮食或秸秆、打谷场垃圾中，再随有机肥回到田地。苗期 4 ～ 6 月，花果期 5 ～ 10 月。

◆ 防治方法

青葙的防除技术方法主要有两种：①农业防治。精选种子，控制青葙种子随作物种子入田，腐熟有机肥应高温堆沤后施用。②化学防治。在玉米田，青葙 2 ～ 5 叶期时，可用烟嘧磺隆、硝磺草酮，或烟嘧磺隆混用莠去津，硝磺草酮混用莠去津茎叶喷雾防除；在花生、大豆田，青葙 2 ～ 5 叶期时，可用氟磺胺草醚、灭草松等茎叶喷雾防除；在果园和荒地，可用草甘膦、草铵膦，或二者混用防除。

青葙的花序

◆ 用途

青葙幼嫩茎叶作蔬菜或饲料，种子榨油（含油 15%）可食；种子药用，具有清火、明目、祛风、降血压之功效。

雀 麦

雀麦是禾本科雀麦属一年生草本植物。

◆ **分布及危害**

雀麦在中国分布于浙江、台湾、云南、贵州、四川、重庆、西藏、陕西、甘肃、青海、新疆、辽宁、内蒙古、北京、河北、山西、河南、山东、安徽、江苏、江西、湖南、湖北等地，印度、朝鲜、日本、俄罗斯、欧洲及北美也有分布。雀麦生长于农田、草地、路旁、林下、山坡、荒野，为害旱地作物，如大麦、小麦、油菜等，果、桑、茶园也常见。

◆ **形态特征**

雀麦秆直立，高 40～90 厘米。叶鞘闭合，紧贴生于秆，被柔毛；叶舌长约 2 毫米，顶端有不规则的裂齿；叶片两面被毛或背面无毛。圆锥花序开展下垂，小穗幼时圆筒形，边缘膜质，顶端微 2 裂，其下约 2 毫米处生芒。颖较宽，第一颖具 3～5 脉；第二颖较第一颖略长，具 7～9 脉；外稃具 7～9 脉，顶端微 2 齿，齿下约 2 毫米处生芒，芒长 5～10 毫米；第一外稃长 8～11 毫米；子房上

雀麦植株

端具毛，花柱自其前下方伸出。

◆ 防治方法

雀麦的防除技术方法主要有以下两种：①综合治理技术。农艺措施，如精选良种、合理密植、提高播种质量，以及机械措施，如适年（如隔年）翻耕、秸秆还田、秸秆覆盖等，均有利于降低出苗基数，实现以苗控草。②化学技术。提倡越年生杂草秋治，春季可依田间草情，适时实施补治。无论何时用药，必须依作物种类、品种、栽培方式，合理选择除草剂。作物播后苗前（移栽前）、杂草苗前至2叶期前，可使用高渗异丙隆或精异丙甲草胺进行土壤处理，冬前或早春，杂草2～3期，使用啶磺草胺、甲基二磺隆、氟唑磺隆、炔草酯，或炔草酸·唑啉草酯或甲基碘磺隆钠盐·甲基二磺隆混剂进行茎叶喷雾处理，可有效防控其危害。

三叶鬼针草

三叶鬼针草是菊科鬼针草属一年生草本植物，又称婆婆针。

◆ 分布及危害

三叶鬼针草原产于美洲，现广布亚洲和美洲的热带和亚热带地区。在《本草拾遗》（公元741，唐开元二十九年）中有记载。三叶鬼针草多生长于撂荒地、路边和疏林下，也发生危害果、桑园和秋熟旱作田，但发生量不大，危害轻，是常见杂草。三叶鬼针草在中国的分布几乎遍及全国，以黄河流域和长江流域及其以南地区较多。

◆ 形态特征

三叶鬼针草株高3～80厘米，有的能达到100厘米。茎直立。中部叶对生，3全裂或羽状深裂，裂片卵形或卵状椭圆形，顶端锐尖或渐尖，基部近圆形，边缘有锯齿，上部叶对生，3裂或不裂。头状花序，直径8～9毫米。总苞基部被细软毛，外层总苞片7～8片，匙形，绿色，边缘具细软毛；无舌状花，管状花黄色，长约4.5毫米，顶端5裂。瘦果呈线形，具4棱，稍有刚毛，芒刺3～4枚，上具倒刺毛。

◆ 入侵生物学及其适应特性

三叶鬼针草具芒刺的果实钩挂在人身、家畜或农具上，被携带到各处传播。三叶鬼针草4～5月出苗，8～10月开花、结果。以种子繁殖，种子快速萌发、高萌发率，以及宽泛的萌发温度需求，是三叶鬼针草的主要入侵特性，环境光强变化对三叶鬼针草的种子萌发影响不明显。与土著种鬼针草相比，三叶鬼针草的分枝能力强，分枝数量多，并能够产生数量更多、质量更轻的种子。三叶鬼针草对可利用氮的利用能力显著高于本地植物，并通过改变土壤微生物群落结构影响了土壤酶活性和土壤养分，创造了对自身竞争有利的土壤环境。

◆ 监测检测技术

清洁作物田的农业机械，防治传播。

◆ 防治方法

在三叶鬼针草未结实前人工或机械刈割。荒地或果园可用草甘膦进行化学防除。棉田可使用乙氧氟草醚、氟磺胺草醚和三氟羧草醚等进行防除。研究表明阿魏酸、香草酸、槲皮黄素和茶碱可对三叶鬼针草种子萌发、幼苗生长和根尖细胞有丝分裂有较强的抑制作用，可作为开发植物源除草剂的重要资源。

粟米草

粟米草是粟米草科粟米草属一年生草本植物，又称万能解毒草、降龙草。

◆ **分布及危害**

粟米草主要分布于中国淮河、秦岭以南，东南至西南各地；亚洲东南部和非洲也有分布。粟米草喜光及中等湿度的土壤环境，但亦耐旱，在丘陵山区、砂质耕地尤为多见，危害玉米、大豆、棉花、花生、甘蔗、甘薯等秋熟旱作物以及热带水果等。

◆ **形态特征**

粟米草植株高 10 ～ 40 厘米，茎纤细，光滑无毛，基部多分枝，为铺散草本。叶 3 ～ 5 片轮生或对生，叶片披针形或线状披针形，长 1.5 ～ 4 厘米，宽 2 ～ 8 毫米，顶端尖，基部渐狭，全缘，主脉明显，叶柄短或近无柄。花小，白色、淡黄色或紫红色，排成二歧聚伞花序，总花梗细长，顶生或与叶对生；萼片 5，淡绿色，椭圆形或近圆形，长 1.5 ～ 2 毫米，边缘膜质，宿存；无花瓣；雄蕊 3 ～ 5 枚，花柱 3 枚，短、线形。蒴果卵圆形或近球形，直径约 2 毫米，果皮薄膜质，3 瓣裂。种子多数、细小、肾形，黄褐色或红色，具多数颗粒状突起。幼苗全株光滑无毛，

粟米草的花

下胚轴不发达，略带紫色；子叶长椭圆形，具短柄，初生叶为 1 片，倒卵形，全缘，具短柄；第三片真叶以后为阔披针形。

◆ **繁殖方法**

粟米草以种子进行繁殖，苗期以 4～5 月、花果期以 6～10 月为主，少量花果期全年，结实量大。粟米草是秋熟旱作物田常见杂草，在空旷荒地、山谷草丛、海边沙地也有生长。

◆ **防治方法**

粟米草的防除技术方法主要有以下两种：①化学防治。主要在分播后苗前，玉米田可选用扑草净、乙草胺、莠去津、乙·阿（乙草胺·莠去津）制剂；大豆、蔬菜田可选用二甲戊灵、异丙甲草胺、乙氧氟草醚；甘蔗田可选用敌草隆、西玛津、莠灭净。出苗后于杂草叶期前，在玉米田可用氯氟吡氧乙酸异辛酯、硝·烟·莠（硝磺草酮·烟嘧磺隆·莠去津合剂）进行茎叶均匀喷雾处理防治；在大豆田可选用苯达松、乙羧氟草醚、乳氟禾草灵；在甘蔗田可选用 2 甲 4 氯钠、莠灭净或甲·灭·敌（2 甲 4 氯·莠灭净·敌草隆合剂）制剂。②综合防治。采用农艺措施防治，如旱作物田用地膜或秸秆覆盖控草、中耕人工或机械除草、水旱轮作等措施控制其发生为害。

◆ **药用价值**

粟米草全草可药用，具有抗菌消炎、清热、解毒、消肿之功效，可治疗腹痛泄泻、皮肤热疹、疮疖肿毒等症。其有效成分为粟米草皂苷 A，具有抗真菌和杀精作用。

田皂角

田皂角是豆科合萌属一年生半灌木状草本植物，又称水皂角、合萌。

◆ 分布及危害

田皂角除西北外，几乎遍布中国；亚洲热带地区和朝鲜、日本，以及非洲、大洋洲和欧洲也有分布。田皂角多生长于田埂、渠边等湿地或农田中，主要危害水稻、棉花、豆类作物及低湿地的玉米等作物，属于常见杂草，但是局部地区农田会引起较重危害。

◆ 形态特征

田皂角植株高 30 ～ 100 厘米，茎直立，有分枝。偶数羽状复叶，小叶 20 ～ 30 对，长圆形，先端钝圆，有短尖，基部圆形，偏斜，具有开合功能，夜间闭合；托叶披针形，膜质，早落。总状花序腋生；花 1 ～ 4 朵，花梗常有黏质；花萼二唇形；花冠蝶形，长 7 ～ 9 毫米，黄色，带紫纹，旗瓣无爪，旗瓣有爪，翼瓣和龙骨瓣渐次短于旗瓣。荚果条状矩圆形微弯，长 1 ～ 3 厘米，有 4 ～ 10 荚节，表面有小瘤突，每荚节含 1 粒种子，荚果不开裂，成熟时逐节脱落；种子黑棕色，肾形。幼苗鲜绿色，无毛，上下胚轴均发达，子叶长圆形，先端钝圆，基部圆形，略凹陷，叶柄极短，初生叶 1，羽状复叶，小叶长圆形。果实成熟后，逐节断落土中或随流水传播，经越冬休眠后萌发。花果期 6 ～ 9 月。

◆ 防治方法

田皂角的防除技术方法主要有以下两种：①人工防治。田皂角萌发后或生长期直接人工拔除，或结合中耕施肥等农耕措施除草。②化学防治。在水稻田，可用五氟磺草胺茎叶喷雾或毒土法撒施防除；在玉米田，可用氯氟吡氧乙酸、二氯吡啶酸茎叶喷雾防除。非耕地在田皂角苗期采用草甘膦、草铵膦加保护罩定向喷雾。

◆ 用途

田皂角全草药用，具有清热利湿、消肿解毒之功效；也可作绿肥及饲料。

夏 堇

夏堇是玄参科蝴蝶草属一年生直立草本植物，又称蓝猪耳。

◆ 起源与分布

夏堇原产于越南，中国南方常见栽培，偶有逸生的发现。因外形酷似堇菜科的草花，而且又是在夏天开花，所以被称为夏堇。又因整朵花蓝紫色的斑块格外显眼，极似猪头上的双耳，故又被称为蓝猪耳。

◆ 形态与种类

夏堇株高 15 ～ 30 厘米，宽幅 12 ～ 22 厘米。茎 4 窄棱无毛。单叶对生或近对生，（2 ～ 5）厘米 ×（1.5 ～ 2.5）厘米长卵形或卵形，无毛，边缘具带短尖的粗锯齿，叶脉明显微凹。花簇生枝顶，排列成总状花序。唇形花冠，喇叭形，上面 2 片花瓣完全融合，底部 3 个花瓣部分融合，底部中央花瓣形成一个带有黄色小斑块的"舌头"。花萼膨大，萼筒上有 5 条棱状翼。花色丰富，有蓝色、紫色、白色、粉红色、黄色等，带有黄色的斑纹。蒴果长椭圆形。种子细小，黄色。6 ～ 12 月开花结果。

常见的为紫色原种，亦有白色栽培变种。市场上生产和流行应用的有 3 个系列：①"小丑"系列。平均株高 15 ～ 20 厘米，花大，色彩活泼。②"浅吻"系列。共有 5 个花色，开花早，整齐一致。③"公爵夫人"

系列。长势强健，冠幅大，花量大。

夏堇的花

◆ **栽培管理**

夏堇不耐寒，性喜温暖湿润，喜阳光，不畏炎热，对土壤适应性较强，但以湿润且排水良好的中性或微碱性壤土为佳。栽培前需要施用有机肥作基肥，生长期施 2 ～ 3 次化肥或有机肥，以保持土壤的肥力。播种是夏堇最常用的种植方法，以春播为主。室内栽培时，全年都可以播种。发芽适温 20 ～ 30℃，播种后 10 ～ 15 天发芽。从播种到开花约需 12 周。种子粉末状，播种时要注意保湿。苗高 10 厘米时移植。常见病虫害有立枯病、枯萎病、叶斑病、丛枝病、白粉病、炭疽病、病毒病、蓟马、蜗牛、红蜘蛛、蚜虫、斑潜蝇、螟虫等。防治方法是加大株行距，控制浇水次数，加强排水，降低湿度，根据病情喷洒有针对性的药物。栽培管理粗放，是广受欢迎的观赏花卉。

◆ **用途**

夏堇姿色柔美，花色多为冷色调，在酷热的盛夏给人带来些许凉意，适合花坛或盆栽，是理想的花坛、花境镶边材料。花期从夏季至秋季，尤其耐高温，很适合屋顶、阳台、花台栽培。

小　藜

小藜是藜科藜属一年生草本植物，又称灰菜、盐钱菜。

◆ 分布及危害

小藜在中国除西藏外均有分布，尤其新疆、黑龙江发生较重。小藜适生于湿润环境，常见于菜地、冬种作物地和旱作地上，常严重危害小麦、甘蔗、豆类等。

◆ 形态特征

小藜茎直立，高 15 ～ 60 厘米，有分枝、有棱，常有绿色或带紫色的条纹。叶互生，具柄，叶片长卵形或长圆形，边缘具不规则的波状齿或深割裂，近基部有 2 个较大的裂片，表面淡绿色或有时带紫色，背面淡绿并被白粉粒；花序穗状，腋生或顶生；花小，淡绿色。果扁球形；种子黑色，有光泽。

◆ 繁殖方法

以种子对小藜进行繁殖，10 月至翌年 3 月出苗，1 ～ 4 月生长最盛，入夏枯死。

◆ 防治方法

小藜的防除技术方法主要有以下两种：①综合治理技术。农艺措施，如精选良种、合理密植、提高播种质量，以及机械措施，如适年（如隔年）翻耕等，均有利于降低出苗基数、以苗控草。②化学技术。提倡越年生杂草秋治，春季可依田间草情，

小藜的花序

适时实施补治。无论何时用药，必须依作物种类、品种、栽培方式，合理选择除草剂。冬前作物播后苗前（移栽前）、杂草苗前至 2 叶期前，可使用高渗异丙隆或精异丙甲草胺进行土壤喷雾处理，冬前或春后早期，可使用苯磺隆、噻吩磺隆、酰嘧磺隆、氯氟吡氧乙酸、唑草酮、双氟磺草胺、唑嘧磺草胺、二氯吡啶酸、草除灵，或混剂，如氟氯吡啶酯·双氟磺草胺、唑草酮·苯磺隆、双氟磺草胺·唑嘧磺草胺、氯氟吡氧乙酸·唑草酮、双氟磺草胺·2,4- 滴异辛酯等进行茎叶喷雾处理，均可有效防控其危害。

野慈姑

野慈姑是泽泻科慈姑属一年生草本植物。

◆ 分布及危害

野慈姑在中国除西藏暂无记录外，其他各地都有分布；日本、朝鲜亦有栽培。野慈姑喜湿，生于沼泽、水田、沟溪浅水处，为稻田常见杂草，北方部分水稻种植区发生较重，并发展出抗药性。

◆ 形态特征

野慈姑根状茎横走，茎极短。叶形变化大，通常为三角箭形，主脉 5～7 条，自近中部外延长为两片披针形长裂片，外展呈燕尾状；叶柄基部渐宽，鞘状；花葶直立，挺水，高，粗壮。花序总状，花单性，上部为雄花，具细长花梗，下部为雌花，具短梗；苞片披针形，外轮花被片椭圆形或广卵形；内轮花被片白色或淡黄色；瘦果两侧压扁，倒卵形，具翅；果喙短，自腹侧斜上。种子褐色。花期 6～8 月，果期 9～10 月。

以种子或块茎进行繁殖。

◆ **防治方法**

田间野慈姑的防治以人工打捞球茎和化学防除为主，如用亩用 48%苯达松水剂 100 ～ 200 毫升或 70% 的 2 甲 4 氯钠盐 30 ～ 50 克或 50%捕草净粉剂 50 ～ 100 克，加细潮土 20 千克拌匀，施药前应撒干水层后喷药或撒药，施药后一天复水。

野 黍

野黍是禾本科野黍属一年生草本植物，又称拉拉草、唤猪草。

◆ **分布及危害**

野黍分布于中国东北、华北、华东、华中、华南、西南等地区，日本、朝鲜、印度也有分布，北美和欧洲已归化或入侵。野黍喜光，耐旱也耐湿，适宜不同酸碱性的土壤环境，生长于果园、田边、路旁、宅旁、林缘、山坡、湿地、荒地等，为秋熟旱作物地、果园、茶园、田埂常见杂草，发生量一般，但有时危害较重。

◆ **形态特征**

野黍成株高 30 ～ 100 厘米。秆直立，基部分枝，稍倾斜，节具髭毛。叶片扁平，长 5 ～ 25 厘米，宽 5 ～ 15 毫米，表面具微毛，背面光滑，边缘粗糙；叶鞘松弛抱茎，无毛或被毛或鞘缘一侧被毛；叶舌为长约 1毫米纤毛。圆锥花序狭长，长 7 ～ 15 厘米，由 4 ～ 8 枚总状花序组成，总状花序长 1.5 ～ 4 厘米，密生柔毛，常排列于主轴的一侧；小穗卵状椭圆形，长 4.5 ～ 5（～ 6）毫米，基盘长约 0.6 毫米，小穗柄极短，密生长柔毛；第一颖微小，短于或长于基盘，第二颖与第一外稃皆为膜质，均被细毛，等长于小穗，前者具 5～7 脉，后者具 5 脉；第二外稃革质，先端钝，具细点状皱纹，稍短于小穗，离轴而生，具 7 脉；鳞被 2，折叠；雄蕊 3 枚；花柱分离。颖果卵圆形，长 2.5～3 毫米。幼苗子叶留土。全株被白色绒毛，第一叶长椭圆形，长 1.7 厘米，宽 0.5 毫米，叶缘具睫毛，直出平行脉约 25 条；叶鞘淡红色，无叶耳、叶舌。花期 7～11 月，以种子进行繁殖。

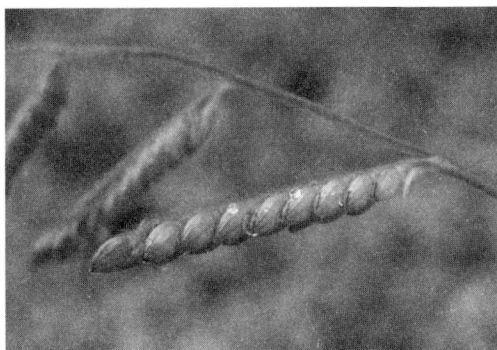

野黍的颖果

◆ 防治方法

可采用化学防治防除野黍。常用苗后茎叶处理除草剂有烟嘧磺隆、精喹禾灵、高效氟吡甲禾灵、精吡氟禾草灵、稀禾啶和烯草酮，使用时需要根据玉米、大豆、花生等作物安全性不同，选择恰当除草剂品种。非耕地可使用灭生性除草剂草甘膦或草铵膦茎叶处理。

◆ 用途

野黍成熟前适口性好，马、牛、羊喜食，可放牧，也可刈割调制干草；全草入药，可治疗火眼、结膜炎、视力模糊。

野西瓜苗

野西瓜苗是锦葵科木槿属一年生草本植物，又称香铃草、灯笼花（云南昆明）、小秋葵（贵州贵阳）等。

◆ 分布及危害

野西瓜苗在中国各地均有分布，适生于较湿润而肥沃的农田，也常见于路旁、荒坡等，亦较耐旱，为旱作物地常见杂草，主要危害玉米、棉花、豆类、蔬菜以及果树等作物地。

◆ 形态特征

野西瓜苗植株高 25 ～ 70 厘米，茎柔软，常横卧或斜生，被白色星状粗毛。叶互生，下部的叶圆形，不分裂或 5 浅裂，上部的叶掌状 3 ～ 5 深裂，直径 3 ～ 6 厘米，中裂片较长，两侧裂片较短，裂片倒卵形至长圆形，通常羽状全裂；叶柄长 2 ～ 4 厘米；托叶线形，长约 7 毫米；均被星状粗硬毛和星状柔毛。花单生于叶腋，花梗长约 2.5 厘米；小苞片12，线形，长约 8 毫米，基部合生；花萼钟形，淡绿色，长 1.5 ～ 2 厘米，裂片 5，膜质，三角形，具纵向紫色条纹，中部以上合生；花梗、花萼均被粗长硬毛或星状粗长硬毛；花冠淡黄色，内面基部紫色，直径 2 ～ 3 厘米，花瓣 5，倒卵形，长约 2 厘米，外面疏被极细柔毛；雄蕊柱长约 5 毫米，花丝纤细，长约 3 毫米，花药黄色；花柱 5，无毛。蒴果长圆状球形，直径约 1 厘米，被粗硬毛，果瓣 5，果皮

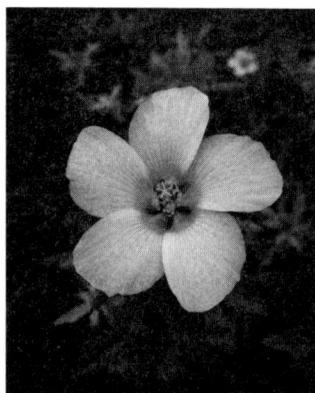

野西瓜苗的花

薄，黑色。种子肾形，表面灰褐色，
具细颗粒状尖头瘤突起。子叶近圆
形或卵圆形，长约 0.6 厘米，有柄，
柄具毛；初生叶 1 片，近方形，先
端微凹，基部近心形，叶缘有钝齿
及疏睫毛；叶柄长约 7 毫米，有毛。

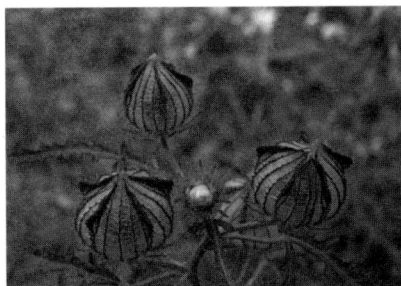

野西瓜苗的蒴果

上、下胚轴均较发达，均被毛。以种子进行繁殖，苗期 4 ～ 5 月，花果
期 6 ～ 8 月。

◆ 防治方法

野西瓜苗的防除技术方法主要有以下两种：①化学防治。在玉米播
后苗前，可选用乙草胺、莠去津；在玉米苗后，野西瓜苗出苗后 4 叶期前，
可以采用茎叶喷雾施用苯吡唑草酮、硝磺草酮、烟嘧磺隆、2 甲 4 氯等；
在大豆播后苗前，可施用乙草胺、异丙甲草胺等；在大豆苗后，野西瓜
苗出苗后 4 叶期前，可以茎叶喷雾施用灭草松、三氟羧草醚等；路边及
田埂采用草铵膦及草甘膦定向喷雾。②综合防治。机械深翻，清除地边、
路旁的杂草植株，塑料薄膜覆盖，植物秸秆覆盖，合理密植，加强水肥
管理等措施，有利于抑制野西瓜苗生长。

◆ 用途

野西瓜苗种子含油量 20%，可榨油供工业用。

异型莎草

异型莎草是莎草科莎草属一年生草本植物，又称碱草、球穗碱草。

◆ 分布及危害

异型莎草在中国分布很广，东北各省、河北、山西、陕西、甘肃、云南、四川、湖南、湖北、浙江、江苏、安徽、福建、广东、广西、海南岛均常见到；俄罗斯、日本、朝鲜、印度、非洲、中美洲等也有分布。异型莎草常生长于稻田中或水边潮湿处，是为害水稻和低洼潮湿的旱地的恶性杂草，每年繁殖 1 ～ 2 代，由于种子数量极多，常密集成片发生。

◆ 形态特征

异型莎草秆丛生，扁三棱形，平滑。叶短于秆，叶鞘褐色。苞片 2 枚长于花序；头状花序球形，具极多数小穗，小穗轴无翅；鳞片排列稍松，膜质；花柱极短，柱头 3，短。小坚果倒卵状椭圆形，三棱形，几乎与鳞片等长，淡黄色。

◆ 防治方法

在异型莎草种子萌发前用土壤处理剂，如除草醚、杀草丹等进行防除，萌发后茎叶喷雾用苯达松等进行防除。

鼬瓣花

鼬瓣花是唇形科鼬瓣花属一年生草本植物，又称野芝麻、野苏子。

◆ 分布及危害

鼬瓣花在中国分布于西南、西北、华北、东北及湖北西部，为东北及华北北部地区农田的主要杂草之一，对多种夏收作物小麦、油菜及秋收作物均有较重危害，也常见于林缘、路旁、灌丛草地等空旷处，为欧亚广布杂草。

◆ **形态特征**

鼬瓣花茎直立，钝四棱形，具槽，多少分枝，粗壮，茎上密被具节长刚毛及贴生短柔毛，或上部常杂有腺毛；叶卵圆状披针形或披针形，先端急尖或渐尖，基部渐狭至宽楔形，边缘有圆齿状锯齿，上面贴生具节刚毛，下面疏生微柔毛间夹有腺点，叶柄腹平背凸，被短柔毛；轮伞花序腋生，多花密集；小苞片线形至披针形，基部稍膜质，先端刺尖，边缘有刚毛；花萼管状钟形，外被刚毛，内面被微柔毛，齿5，长三角形，等长，先端长刺状；花冠白色、黄色或粉红色，冠筒漏斗状，喉部增大，冠檐二唇形，上唇卵圆形，先端钝，具不等的数齿，外被刚毛，下唇3裂，中裂片长圆形，宽度与侧裂片近相等，先端明显微凹，紫纹直达边缘，

鼬瓣花植株

侧裂片长圆形，全缘，在裂片相交处有齿状突起。雄蕊4枚，花药2室，二瓣横裂，内瓣较小，有1丛纤毛，外瓣较大，无毛；花盘前方指状增大，子房无毛，褐色。小坚果倒卵状三角形，褐色，有秕鳞。

◆ **繁殖方法**

鼬瓣花以种子进行繁殖。花期7～9月，果期9～10月。

◆ **防治方法**

鼬瓣花的防除技术方法主要有两种：①综合治理技术。农艺措施，如精选良种、合理密植、提高播种质量，以及机械措施，如适年（如隔年）

翻耕等，均有利于降低出苗基数、以苗控草。②化学技术。提倡越年生杂草秋治，春季可依田间草情，适时实施补治。无论何时用药，必须依作物种类、品种、栽培方式，合理选择除草剂。冬前作物播后苗前（移栽前）、杂草苗前至 2 叶期前，可使用高渗异丙隆或精异丙甲草胺进行土壤喷雾处理，冬前或春后早期，可使用苯磺隆、噻吩磺隆、酰嘧磺隆、氯氟吡氧乙酸、唑草酮、双氟磺草胺、唑

鼬瓣花的花

鼬瓣花的小坚果

嘧磺草胺、二氯吡啶酸、草除灵，或混剂，如氟氯吡啶酯·双氟磺草胺、唑草酮·苯磺隆、双氟磺草胺·唑嘧磺草胺、氯氟吡氧乙酸·唑草酮、双氟磺草胺·2,4-滴异辛酯等进行茎叶喷雾处理，均可有效防控其危害。

◆ **用途**

鼬瓣花种子富含脂肪油，供工业用。

圆叶牵牛

圆叶牵牛是旋花科虎掌藤属一年生草本植物。

◆ **分布及危害**

圆叶牵牛原产于美洲热带地区，1890 年中国已有栽培，后又通过

有意引进栽培供观赏花卉使用，在各地逸为野生后扩散。截至 2020 年，圆叶牵牛已入侵中国辽宁、河北、陕西、安徽、江苏、浙江、贵州、重庆、云南等省份。逃逸野生后的圆叶牵牛为庭院常见杂草，有时危害草坪和灌木。

◆ 形态特征

圆叶牵牛植株全株被粗硬毛，茎缠绕，多分枝。叶互生，具柄；叶片宽卵圆形，先端渐尖，基部心形，全缘。花序有花 1～5 朵；总花梗与叶柄近等长，长 4～12 厘米；小花梗伞形，结果时上部膨大；苞片 2，条形；萼片 5，披针形，基部密被开展的粗硬毛，不向外反曲；花冠漏斗状，白色或紫色、淡红色，顶端 5 浅裂；雄蕊 5；子房 3 室，每室 2 胚珠，柱头头状，3 裂。幼苗粗壮，子叶卵圆状心形，长约 2 厘米，先端深凹缺刻几达叶片中部，基部心形，叶片及叶柄均密被长柔毛；上胚轴不发达，下胚轴发达，靠近子叶部分

圆叶牵牛植株

有短毛；初生叶 1 片，3 裂，中裂片大，先端渐尖，基部心形。籽实蒴果近球形，无毛，种子表面粗糙，长约 5 毫米，黑色或暗褐色，卵圆形或三棱状卵形。

◆ 入侵生物学及其适应特性

圆叶牵牛主要经人工引种栽培，逸生后在本地扩散，生境类型多为

圆叶牵牛的花

田边、路旁、河谷、平原、山谷、林内等。圆叶牵牛以种子繁殖，一般在华北4～5月萌发，花期6～9月，果期9～10月，喜生长在空旷地，在中国的适生区极广。

◆ 防治方法

通过控制在空旷生境引种，避免圆叶牵牛逸生种群的建立。

皱果苋

皱果苋是苋科苋属一年生草本植物，又称绿苋、野苋。

◆ 分布及危害

皱果苋广泛分布于全球温带、亚热带和热带地区，中国各地都有发生。皱果苋喜生于疏松的干燥土壤，为秋熟旱作物田、果园、茶园常见杂草，蔬菜地也多发生。

◆ 形态特征

皱果苋植株高40～80厘米，全株无毛；茎直立，稍有分枝，绿色或带紫色。叶片卵形或卵状椭圆形，长3～9厘米，宽2.5～6厘米，先端圆钝或凹缺，有 1 小芒尖，基部近截形，全缘或呈波状；叶柄长 3 ～ 6 厘米。花小，排列成细长腋生的穗状花序，或于茎顶再形成圆锥花序；苞片和小苞片披针状长圆形，干膜质；花被片 3，长圆形或倒披针形，绿色或红色，有芒尖，边缘透明，内曲；雄蕊 3，比花被片短；柱头 3 或 2。胞果扁球形，直径约 2 毫米，绿色，不裂，表面极皱缩，超出宿存花被外。种子倒卵形或圆形，凸透镜状，直径约 1 毫米，黑色或黑褐色，有光泽，具细微的线状雕纹。子叶披针形，先端渐尖，基部楔形，全缘，具短柄；下胚轴发达，淡红色，上胚轴极短；初生叶 1 片，阔卵形，先端钝尖，并具凹缺，叶基阔楔形，具长柄；后生叶与初生叶相似。幼苗全株光滑无毛，暗绿色。苗期 4 ～ 5 月，花果期 7 ～ 10 月。以种子进行繁殖，经人和动物活动传播种子。

◆ **防治方法**

皱果苋的防除技术方法主要有以下两种：①化学防治。玉米田可选择除草剂烟嘧磺隆、硝磺草酮、莠去津单用或复配。在棉花、大豆播种后出苗前选择乙草胺、二甲戊灵单用或与扑草净复配。大豆田苗期可用乙羧氟草醚、氟磺胺草醚、乳氟禾草灵、灭草松防治。蔬菜田播种后出苗前或者移栽前可考虑用二甲戊灵、敌草胺、地乐胺等防治。田埂、路边可采用草甘膦、草铵膦定向喷雾。②农业防治。采用深耕灭茬，或种植前耕耙诱杀，或者人工拔除，可以有效控制皱果苋的危害。

◆ **用途**

皱果苋幼嫩茎、叶可作野菜食用，也可作饲料；全草入药，具有清热解毒、利尿止痛之功效，可治痢疾。

一年生或二年生草本植物

白花草木樨

白花草木樨是豆科草木樨属一年生或二年生草本植物，别称白香草木樨。

◆ 起源与分布

白花草木樨为二倍体，含 16 条染色体。白花草木樨与蒺藜苜蓿亲缘关系最近，二者约在 1416 万年前分化。

白花草木樨分布于中国东北、华北、西北及西南各地；温带欧洲、地中海，亚热带亚洲和北非也有分布。白花草木樨生长于干旱河谷、江边灌丛、耕地边和山坡上，海拔 1100～2750 米的地带。

◆ 形态特征

白花草木樨植株高大，直立，70～200 厘米，多分枝，几无毛。叶互生，羽状三出复叶，具叶柄，叶边缘或多或少锯齿状，无毛；植株下部的叶片较宽，倒卵形或卵形，中部的叶片倒卵形至椭圆形。托叶尖刺状锥形，长 6～10 毫米；花多数，花序细长，总状花序顶生或腋生，含小花可达 100 余个，长 8～20 厘米。苞片线形，长 1.5～2.0 毫米。花序初期较为稠密，开放后渐变疏松，花冠为白色；花长 4.5～7 毫米，裂片 5，短钟形。旗瓣倒卵形，与翼瓣近等长。子房卵球形，无毛，含 1 个胚珠，花柱丝状，直立。二体雄蕊，10 枚。荚果为椭圆形或卵形，具有脉纹隆起，趋于网状。花期 5～7 月，果期 7～8 月。

◆ 繁殖方法

白花草木樨在自然条件下主要通过异花授粉繁衍后代，但也可自花授粉。一年生白花草木樨杂交率为 67%。采用种子繁殖，单株可产 14000～350000 粒种子。新鲜种子在成熟过程中失水，栅栏层细胞致密，形成硬实。新鲜的草木樨种子储存在潮湿、寒冷的条件下，种子硬实现象可持续至少 19 个月。播种前需破除硬实。可用浓硫酸浸泡去果荚种子 3～4 分钟，也可用砂纸打磨。生产中多用碾子或碾米机磨伤，使种皮产生裂痕。

◆ 栽培管理

白花草木樨具有抗旱、抗寒、耐盐碱、耐贫瘠和固氮能力强等特点。种植株距 60 厘米最适合种子生产，生长期间及时中耕除草，每年追施 1 次磷肥。种子成熟后及时收获，可避免落粒。常见病害为白粉病，一般在雨水较充足时发病，喷施三唑酮杀菌剂可有效防治。

◆ 用途

白花草木樨可作饲料、绿肥和药用植物。全草入药，味甘、微苦，性平，具有清热利湿、消食除积、祛痰止咳之功效，可用于治疗小儿疳积、消化不良、胃肠炎、细菌性痢疾、胃痛、黄疸型肝炎、肾炎水肿、白带、口腔炎、咳嗽、支气管炎等；外用治带状疱疹、毒蛇咬伤。

草木樨

草木樨是豆科草木樨属一年生或二年生直立型草本饲用植物。

◆ 起源与分布

草木樨原产于欧洲温带地区，在温带、亚热带均有分布，美洲、非洲、大洋洲早已引种栽培；中国西北、东北、华北、西南以及长江流域南部和黄河流域有野生种分布，在西藏海拔 3700 米的地区，或海滩海拔仅数米的地段亦有分布记录。

◆ 生长习性

草木樨适应性强，耐寒、耐旱、耐瘠、耐盐碱，固氮能力强，既能作饲草，又能作绿肥。草木樨根系发达，适宜生长于湿润和半干旱的砂土地、侵蚀山坡、草原、滩涂及农区的田埂、路旁和弃耕地上，在年降水量 400 ～ 500 毫米地区生长良好，年降水量 300 毫米的地区也可生长。日平均地温 3.1 ～ 6.5℃即开始萌动，第一片真叶可耐 -4℃短期低温，-8℃才会冻死；可在海拔 2400米、气温 -24℃的高山地带安全越冬，一般成株可耐 -30℃以下低温，有时能顺利通过冬季 -40℃低温和夏季 41℃高温。草木樨对土壤要求不严，从砂土到黏土，从碱性到酸性土，都能较好地适应，适宜 pH4.5 ～ 9。茎高 50 ～ 120 厘米，最高可达 4 米。

草木樨植株

◆ **栽培管理**

草木樨于春季播种，当年即可开花结实，完成其生命周期；秋季播种，当年仅能处于营养期，翌年才能开花结实，完成其生命周期。草木樨越年后，在亚热带地区3月底至4月初返青，5月中旬至7月底开花，8月初至9月中旬结实，生育期长达183～230天；在温带地区4月中旬至5月中旬返青，6月初至7月初开花，7月中旬至8月底结实，生育期98～118天。草木樨为直根系草本植物，其颈部芽点不多，分枝能力有限，大量芽点分布于茎枝叶腋，放牧或刈割留茬不宜太低，一般留茬以15厘米为宜，每年可刈割2～3次。草木樨主要靠种子繁殖，野生条件下自然繁殖能力较强，靠自播和风力传播，种

草木樨的花

子硬实率50%左右，寄存于土壤中越冬，种皮腐烂后，翌年萌芽出土。人工栽培播种，播种前必须擦破种皮，消除硬实。冬季播种为好，翌年春季出苗整齐一致。

臭 荠

臭荠是十字花科臭荠属一年生或二年生匍匐草本植物。

◆ **分布**

臭荠在中国广布，亦见于欧洲、北美及亚洲各地。

◆ **形态特征**

臭荠全株有臭味。主茎短且不明显，从基部多分枝，被疏柔毛或近无毛。叶为一回或二回羽状分裂，裂片线形或狭长圆形，先端锐尖，基部楔形，全缘，两面无毛。总状花序与叶对生；花极小；萼片具白色膜质边缘；花瓣白色，长圆形。短角果肾形，皱缩，顶端下凹，基部心形，不开裂，成熟时沿中央分裂成 2 果瓣，果瓣闭合，近圆球形，表面有粗糙皱纹，含 1 粒种子，肾形，红棕色。花期 3 月，果期 4 ～ 5 月。

◆ **防治方法**

臭荠的防除技术方法主要有以下两种：①综合治理技术。农艺措施，如精选良种、合理密植、提高播种质量，以及机械措施，如适年（如隔年）翻耕等，均有利于降低出苗基数、以苗控草。②化学技术。提倡越年生杂草秋治，春季可依田间草情，适时实施补治。无论何时用药，必须依作物种类、品种、栽培方式，合理选择除草剂。冬前作物播后苗前（移栽前）、杂草苗前至 2 叶期前，可使用高渗异丙隆或精异丙甲草胺进行土壤喷雾处理，冬前或春后早期，可使用苯磺隆、噻吩磺隆、酰嘧磺隆、氯氟吡氧乙酸、唑草酮、双氟磺草胺、唑嘧磺草胺、二氯吡啶酸、草除灵，或混剂，如氟氯吡啶酯·双氟磺草胺、唑草酮·苯磺隆、双氟磺草胺·唑嘧磺草胺、氯氟吡氧乙酸·唑草酮、双氟磺草胺·2,4- 滴异辛酯等进行茎叶喷雾处理，均可有效防控其危害。

黑心金光菊

黑心金光菊是菊科金光菊属一年或二年生草本植物，又称黑心菊、

黑心金光菊植株

黑眼菊。原产于北美洲。

黑心金光菊高 30 ～ 100 厘米。茎不分枝或上部分枝，全株被粗刺毛。下部叶长卵圆形，顶端尖或渐尖，基部楔状下延，有三出脉，边缘有细锯齿，长 8 ～ 12 厘米。上部叶长圆披针形，顶端渐尖，边缘有细至粗疏锯齿或全缘，无柄或具短柄，长 3 ～ 5 厘米，宽 1 ～ 1.5 厘米，两面被白色密刺毛。头状花序径 5 ～ 7 厘米，有长花序梗。舌状花鲜黄色，舌片长圆形，顶端有 2 ～ 3 个不整齐短齿，管状花暗褐色或暗紫色。总苞片外层长圆形，内层较短，披针状线形，顶端钝，全部被白色刺毛。瘦果四棱形，黑褐色。

中国庭园常见栽培有黑心金光菊，供观赏。

黑心金光菊的花

芥　菜

芥菜是十字花科芸薹属一年生或二年生草本植物。

◆ 起源与分布

芥菜是中国特产蔬菜，欧美各国极少栽培，多样性中心在中国。《礼记》有"鱼脍芥酱"的记载，可见中国早在周代已用其种子作调味品。有根芥、茎芥、叶芥和薹芥4大类，共16个变种。

◆ **形态和类型**

芥菜主侧根分布在约30厘米的土层内，茎为短缩茎。叶片着生在短缩茎上，有椭圆、卵圆、倒卵圆、披针等形状，叶色绿、深绿、浅绿、黄绿、绿色间紫色纹或紫红。中国的芥菜主要有4种类型：①叶用芥菜。二年生，有11个变种，即大叶芥、小叶芥、白花芥、花叶芥、长柄芥、凤尾芥、叶瘤芥、宽柄芥、卷心芥、结球芥和分蘖芥。②茎

芥菜植株

用芥菜。二年生，有3个变种，即茎瘤芥、笋子芥、抱子芥或儿芥。③根用芥菜，又称大头菜。二年生。④薹芥，又称天菜或葱菜。二年生，花茎肥大。

◆ **栽培**

芥菜喜冷凉润湿，忌炎热、干旱，稍耐霜冻。适于种子萌发的旬平均温度为25℃，适于叶片生长的旬平均温度为15℃，最适于食用器官生长的温度为8～15℃，但茎用芥菜和结球芥（包心芥）食用器官的形成要求较低的温度，一般叶用芥菜对温度要求不严格。一般采用育苗

芥菜的叶

移栽。幼苗受蚜虫为害可感染病毒病，常用反光银灰色塑料薄膜做成有间隔的条状小棚覆盖育苗加以防治。

◆ 用途

芥菜含有硫代葡萄糖苷，经水解后产生挥发性的异硫氰酸化合物、硫氰酸化合物及其衍生物，具有特殊的风味和辛辣味。新鲜的芥菜除含硫胺素、核黄素和烟酸外，每 100 克鲜重约含维生素 C 40 毫克，含氮物质 12%。茎用芥菜经加工制成榨菜后，其所含的蛋白质分解成 16 种氨基酸，其中谷氨酸最多，故滋味鲜美，以中国重庆和浙江的榨菜最为著名。叶用芥菜如大叶芥的叶片或中肋、叶瘤芥的叶柄、包心芥的叶球、分蘖芥的分蘖以及其他类型的芥菜，都可鲜食或加工。例如四川的冬菜和芽菜、贵州的盐酸菜、福建的糟菜和腌菜、广东惠阳的梅菜、浙江的雪里蕻等就是芥菜的叶柄、短缩茎或花薹幼嫩部分的加工品；潮州咸菜是包心芥的加工品；云南大头菜则是根用芥菜的加工品。芥菜的种子可磨研成末，供调味用。

绵毛酸模叶蓼

绵毛酸模叶蓼是蓼科蓼属一年生或二年生草本植物，别称节节草、水马齿苋。

◆ 分布及危害

绵毛酸模叶蓼在中国长江流域及以南地区 9 月份至翌年早春出苗，花果期 4 ～ 6 月，先于作物成熟，喜湿润土壤。

绵毛酸模叶蓼在中国东北、华北、西北及长江中下游地区水旱轮作或土壤湿度较大的油菜或小麦田普遍发生，为常见杂草，有时造成危害。

◆ **形态特征**

绵毛酸模叶蓼植株高 30～90 厘米。茎直立，无毛，节部膨大。叶长披针形，顶端渐尖或急尖，基部楔形，上面灰绿色，常有一个大的黑褐色新月形斑块，叶下面密生白色绵毛，可以与原变种区别，两面

绵毛酸模叶蓼植株

沿中脉被短硬伏毛，全缘；叶柄短，具短硬伏毛；托叶鞘筒状，长 1.5～3 厘米，膜质，苍白色，顶端截形，无缘毛。总状花序呈穗状，顶生或腋生，近直立，花密集；苞片漏斗状，边缘具稀疏短缘毛；花被 4～5，淡红或白色，椭圆形；雄蕊通常 6，花柱 2。瘦果宽卵形，双凹，长 2～3

绵毛酸模叶蓼的叶

毫米，黑褐色，有光泽，包于宿存花被内。全株被白色粗硬毛。子叶长椭圆形，背面紫红色，有短柄。初生叶 1，卵形，叶脉明显，上面有新月形褐斑，下面密生白色绵毛，具短柄。

◆ **防治方法**

绵毛酸模叶蓼的防除技术方法主要有以下三种：①农业防治。农家肥需要经过堆沤腐熟后使用，避免裹挟有活力的种子回田。开沟沥水，

降低土壤含水量，可抑制该草的生长发育。②化学防治。小麦田可选用双氟磺草胺、唑草酮、氯氟吡氧乙酸、苯磺隆、2甲4氯钠、氟氯吡啶酯等进行茎叶喷雾处理。油菜田可用

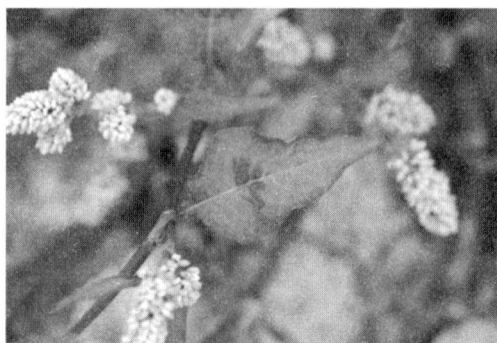

绵毛酸模叶蓼的花序

草除灵、二氯吡啶酸等茎叶喷雾处理。③综合利用。农艺措施，如精选良种、合理密植、提高播种质量，以及机械措施，如适年（如隔年）翻耕等，均有利于降低出苗基数、以苗控草。

苏门白酒草

苏门白酒草是菊科飞蓬属一年生或二年生草本植物。

◆ 分布及危害

苏门白酒草原产于南美洲，大约在19世纪中叶引入中国。苏门白酒草多为无意引进，籽实可能裹挟在货物、粮食中传入。截至2020年，已入侵中国河南、山东、江苏、安徽、浙江、江西、湖北、湖南、广西、广东、海南、福建、台湾、重庆、四川、贵州、云南、西藏等地。

苏门白酒草入侵后会给当地农业、林业、畜牧业及生态环境带来极大的危害。入侵作物田和果园导致农作物和果树减产；所到之处排斥其他草本植物，形成单优群落，减少生物多样性，影响景观。

◆ **形态特征**

苏门白酒草植株灰绿色。茎粗壮，高 80～200 厘米，具长分枝，具灰白色上弯短糙毛和开展的疏柔毛。下部叶倒披针形或披针形，基部渐狭成柄，边缘上部每边常有 4～8 个粗齿，中部和上部叶渐变细小，两面，特别是下面被密短糙毛。圆锥花序大型；头状花序多数，径 5～8 毫米；总苞卵状短圆柱状，长 4 毫米，总苞片 3 层，线状披针形或线形，背面被糙短毛；雌花多层，长 4～4.5 毫米，管部细长，舌片淡黄色或淡紫色，极短细，丝状，顶端具 2 细裂；两性花 6～11 朵，花冠淡黄色，长约 4 毫米，檐部狭漏斗形，上端具 5 齿裂，管部上部被疏微毛。幼苗子叶阔卵形，光滑，具柄；初生叶 1 片，宽椭圆形，先端圆钝，全缘，具睫毛，密被短柔毛；第二后生叶矩圆形，叶缘出现 2 个微齿。籽实瘦果线状披针形，长 1.2～1.5 毫米，扁压，被贴微毛；冠毛初时白色，后变黄褐色。

◆ **入侵生物学及其适应特性**

苏门白酒草可通过风传播带冠毛籽实，也可经人为和交通工具携带传播扩散，生境类型多为荒地、路旁、山坡、果园、林地、农田和草地等。苏门白酒草以种子繁殖，一般于 10 月至翌年 3 月出苗，7～10 月花果期，喜生长在开阔、干扰生境或裸地，在中国，其适生区非常广。

◆ **防治方法**

苏门白酒草的防治需要切断种子源，可在其种子成熟之前将路边、坡地、果园等处的植株铲除掉。在非耕地使用百草枯或草甘膦等灭生性除草剂防除，也可以在农田使用选择性除草剂，如莠去津、2 甲 4 氯、乙羧氟草醚等。检验检疫部门应加强对分布区货物、运输工具等携带苏门白酒草籽实的监控。

一年蓬

一年蓬是菊科飞蓬属一年生或二年生草本植物。

◆ 分布及危害

一年蓬原产于墨西哥，1886年在上海郊区发现，主要通过旅行或交通无意引进或从邻国自然扩散引进，在上海定殖后扩散蔓延至全国各地。截至2020年，一年蓬已入侵中国吉林、辽宁、内蒙古、河北、山西、陕西、河南、山东、安徽、江苏、上海、浙江、江西、福建、湖北、湖南、重庆、贵州、四川、西藏等省（自治区、直辖市）。一年蓬蔓延迅速，发生量大，常为害麦类、果树、桑和茶等，同时侵入牧场、苗圃造成危害，也大量发生于荒野、路边，严重影响景观，花粉也致花粉病。

◆ 形态特征

一年蓬植株茎直立，高30～100厘米，茎叶都有刚伏毛，疏密不等，基生叶卵形或卵状披针形，长4～15厘米，宽1.5～3厘米，顶端尖或钝，基部狭窄成翼柄，边缘有粗齿；茎生叶披针形或线状披针形，长1～9厘米，宽0.5～2厘米，顶端尖，边缘齿裂，规则或不规则，有短柄或无柄；上部叶多为线形，全缘；叶缘有缘毛。头状花序直径约1.5厘米，排成伞房状或圆锥状；总苞半球形，总苞片3层；缘花舌状，明显，2至数层，雌性，舌片线形，白色或略带紫晕，中央花管状，两性，黄色。籽实瘦果倒窄卵形至长圆形；压扁；具浅色翅状边缘，长1～1.4毫米，宽 0.4 ～ 0.5 毫米，表面浅黄色或褐色，有光泽，顶端收缩，有花柱残留物。果脐周围有污白色小圆筒。

◆ 入侵生物学及其适应特性

一年蓬可通过籽实随风等在本地扩散，生境类型多为路边、农田、荒野等。一年蓬以种子繁殖，一般于 6 ～ 8 月开花，8 ～ 10 月结果，喜生长在次生裸地，全国适生区非常广。

◆ 防治方法

一年蓬的防治重点是要加强检疫；针对野外定殖的种群，可用草甘膦、2 甲 4 氯、百草敌等开展化学防除。此外，注意裸地植被的恢复，占据一年蓬发生的生态位，也可对控制其种群入侵有一定的压制作用。

虞美人

虞美人是罂粟科罂粟属一二年生草本植物，常作一年生栽培。

◆ 起源与分布

虞美人原产于欧洲和亚洲，同属植物约 100 种，主产于欧洲、亚洲、美洲温带地区，中国有 6 ～ 7 种。

◆ 形态特征

虞美人高 30 ～ 80 厘米。全株被柔毛，茎细长，分枝细弱，有乳汁。叶不整齐羽裂。花单生长梗上，未开时苞常下垂，花瓣 4，大型，有紫红、大红、朱砂红、白或具深

虞美人植株

虞美人的花苞

虞美人的花

色斑纹等花色。花期春夏，每朵花开1、2天，每株花蕾众多，观赏期较长。蒴果成熟时孔裂。

◆ 栽培管理

虞美人喜温暖、阳光充足和通风良好的环境，宜在疏松肥沃、排水良好的砂壤土生长，忌炎热、高湿。虞美人播种繁殖，种子细小，播种要求精细，种子发芽适宜温度为20℃。虞美人适宜在花坛、花境、篱边、路边条植或片植，亦可盆栽。

◆ **用途**

虞美人的花与果实可入药，种子含油量40%，具香味。

粘毛卷耳

粘毛卷耳是石竹科卷耳属一年生或二年生草本植物，又称球序卷耳、婆婆指甲菜、圆序卷耳等。

◆ **分布及危害**

粘毛卷耳在全世界几乎都有分布，在中国广泛分布于山东、河南、安徽、江苏、上海、浙江、湖北、湖南、江西、福建、云南（维西）、西藏（亚东）等地。粘毛卷耳主要发生在小麦田、春季蔬菜、油菜、玉米等作物田，也是草坪常见杂草。此外，粘毛卷耳还是棉红蜘蛛的寄主。

◆ **形态特征**

粘毛卷耳成株高10～20厘米。茎单生或丛生，密被长柔毛，上部混生腺毛。茎下部叶匙形，顶端钝，基部渐狭成柄状；上部叶倒卵状椭圆形，长1.5～2.5厘米，宽5～10毫米，顶端急尖，基部渐狭成短柄状，两面皆被长柔毛，边缘具缘毛，中脉明显。二歧聚伞花序呈簇生状或呈头状；花序轴密被腺柔毛；苞片草质，卵状椭圆形，密被柔毛；花梗细，长1～3毫米，密被柔毛；萼片5，披针形，长约4毫米，顶端尖，外面密被长腺毛，边缘狭膜质；花瓣5，白色，线状长圆形，与萼片近等长或微长，顶端2浅裂，基部被疏柔毛；雄蕊明显短于萼；花柱5。蒴果长圆柱形，长于宿存萼0.5～1倍，顶端10齿裂。种子褐色，卵圆形而略扁，表面具疣状凸起。种子出土萌发。子叶阔卵形，长钝圆，全缘，叶基渐窄，无毛，具柄。下、上胚轴均明显，上胚轴密被柔毛。初生叶2片，对生，单叶，呈两头尖的椭圆形，全缘，有1条明显中脉，具长柄，两柄基部相连合抱着轴，叶片与叶柄均密被长柔毛。后生叶呈椭圆形或倒卵状披针形，全缘，有睫毛，叶片腹面及叶柄均有长柔毛。

◆ **生长习性**

以种子繁殖粘毛卷耳。出苗10月底至翌年3月，花期3～4月，果期5～6月。粘毛卷耳具有较发达的根系，根深10厘米，生活力旺盛，繁殖和侵占力极强，一般于3月蔓延扩展可迅速形成单优势种群落。

◆ **防治方法**

农业防治

可在作物播种前深耕土壤。菜地覆盖薄膜或采取间套作减轻杂草数量。

化学防治

小麦田可在冬前或早春小麦拔节前，选用2甲4氯、苯磺隆、氯氟吡氧乙酸、双氟磺草胺、苯达松或其复配剂进行喷雾处理；油菜田可用草除灵进行茎叶喷雾处理；春玉米田用2甲4氯、乙氧氟草醚、西玛津、赛克津进行茎叶喷雾处理可有效防除粘毛卷耳。

综合利用

粘毛卷耳全草入药，有治疗乳痈、咳嗽的功效，并有降压的作用。粘毛卷耳的乙醇提取物对绿豆象的触杀和熏蒸活性较高，具备开发植物源农药的潜力。

第 **3** 章

一年生或多年生草本植物

狗尾草

狗尾草是禾本科狗尾草属一年生或多年生草本植物，又称非洲狗尾草。

◆ **分布**

狗尾草广泛分布于非洲热带、亚热带地区，在澳大利亚、中国南方广泛引种和栽培。

◆ **形态特征**

狗尾草株高 1.5 ～ 2.0 米，叶宽和株高的变幅大。叶长、光滑，无毛。成株后生有短地下茎。有芒棒状穗，呈绿色或橙茶色，长 20 ～ 25 厘米。种子大小因品种而异，变化大。种子千粒重 0.3 ～ 1.0 克。

◆ **生长习性**

狗尾草对土壤有广泛的适应性，在年降水量 890 毫米以上的热带和亚热带生长繁茂，耐湿性和耐寒性强，和豆科牧草混播性好，对施氮肥反应敏感，适量施氮肥可显著提高植株的粗蛋白含量。

◆ **繁殖**

以种子繁殖狗尾草。由于植株分蘖多,抽穗至成熟期可达 2 个月之久,易落粒,需适期收获。中国引进品种有卡松古鲁、南迪、纳罗克等。

◆ **栽培管理**

春播,播种量 2.2 ～ 5.6 千克 / 公顷,播种时要注意浅覆土。

◆ **价值**

狗尾草为优良暖地型牧草,家畜适口性好,消化率高。易于晒制干草。耕地中的多为一年生狗尾草,常作为杂草防除。

广布野豌豆

广布野豌豆是豆科野豌豆属一年生或多年生蔓性草本植物。

◆ **分布**

广布野豌豆在中国广布,北方地区发生尤为普遍。

◆ **形态特征**

广布野豌豆植株有微毛。羽状复叶有卷须,小叶 4 ～ 12 对,狭椭圆形或狭披针形,长 1.5 ～ 2.7 厘米,宽 0.5 ～ 0.7 厘米,顶端突尖,基部圆形,表面无毛,背面有短柔毛;托叶披针形;总状花序腋生,有花 7 ～ 15 朵;花萼斜钟形,有 5 裂齿,上面 2 齿较长;花冠紫色或蓝色;子房无毛,有长柄,花柱顶端周围有黄色腺毛。荚果

广布野豌豆的叶

长椭圆形，宽扁，褐色，长 1.5 ～ 2.5 厘米，肿胀，两端急尖，有柄，具种子 3 ～ 5 颗，黑色。幼苗上胚轴发达，带紫红色。托叶披针形。全株光滑无毛。以种子进行繁殖。花果期 5 ～ 9 月。

◆ 防治方法

广布野豌豆的防除技术方法主要有以下两种：①综合治理技术。农艺措施，如精选良种、合理密植，提高播种质量；机械措施，如适年（如隔年）翻耕等，均有利于降低出苗基数、以苗控草。②化学技术。提倡越年生杂草秋治，春季可依田间草情，适时实施补治。无论何时用药，必须依作物种类、品种、栽培方式，合理选择除草剂。冬前作物播后苗前（移栽前）、杂草苗前至 2 叶期前，可使用高渗异丙隆或精异丙甲草胺进行土壤喷雾处理，冬前或春后早期，可使用苯磺隆、噻吩磺隆、酰嘧磺隆、氯氟吡氧乙酸、唑草酮、双氟磺草胺、唑嘧磺草胺、二氯吡啶酸、草除灵，或混剂，如氟氯吡啶酯·双氟磺草胺、唑草酮·苯磺隆、双氟磺草胺·唑嘧磺草胺、氯氟吡氧乙酸·唑草酮、双氟磺草胺·2,4- 滴异辛酯等进行茎叶喷雾处理，均可有效防控其危害。

广布野豌豆的花序

广布野豌豆的荚果

含羞草决明

含羞草决明是豆科决明属一年生或多年生亚灌木状披散草本植物，又称山扁豆、决明子、望江南、水皂角、梦草、黄瓜香、还瞳子。

◆ 分布及危害

含羞草决明原产于美洲热带地区，现为热带和亚热带常见入侵植物。在中国，含羞草决明于20世纪中叶被引入，随后逃逸并逐步扩散蔓延成入侵植物。截至2020年，已在台湾、海南、福建、广东、广西、云南、贵州、江西等地形成入侵局面。含羞草决明入侵生境包括荒野、山坡、林缘、道路两旁、住宅旁等，也可入侵果园、幼林、苗圃，因而对自然环境和经济产生一定的负面影响，在坡地或空旷地的灌木丛或草丛中常常成片出现。

◆ 形态特征

含羞草决明株高可达80厘米，多分枝，枝条纤细，被微柔毛，有散生、下垂的钩刺及倒生刺毛。叶长4～8厘米，在叶柄的上端、最下一对小叶的下方有圆盘状腺体1枚，小叶20～50对，对生，线状镰形，长3～4毫米，宽约1毫米，顶端短急尖，基部近圆形，两侧不对称，中脉靠近叶的上缘，干时呈红褐色；托叶线状圆锥形，被刚毛，长4～7毫米，有明显肋条、宿存；羽片和小叶触之即闭合而下垂，羽片通常2对，指状排列。花序腋生，总状花序，1或数朵聚生不等，总花梗顶端有2枚小苞片，长约3毫米；萼长6～8毫米，顶端急尖，外被稀疏柔毛；花瓣黄色，不等大，具短柄，略长于萼片；雄蕊10枚，5长5短，相间而生。

子房无柄，荚果镰形，扁平，长 2 ～ 5 厘米，宽约 4 毫米，果柄长 1 ～ 2 厘米，种子 10 ～ 16 粒。种子椭圆形，压扁。

◆ 入侵生物学及其适应特性

含羞草决明喜光耐阴，喜温暖、湿润环境。幼苗生长速度较快，成熟植株生长相对较慢。8 ～ 10 月开花，10 ～ 12 月结果；有些种子成熟后可立即萌发而且萌发率较高；有些成熟的种子具有休眠现象，能够在土壤中长期存在并具有较高活力。由于含羞草决明植株通体带刺，所以机械防御能力强大、适口性很差，这在很大程度上减少了动物伤害而有利于个体维持和种群增长。含羞草决明具有明显的化感作用，即通过植株分泌物抑制群落中的其他本地植物；同时能释放多种挥发性物质，增强其化学防御能力。含羞草决明常常具有根瘤菌，因而表现出强烈的固氮和改造土壤作用。植株还具有较强的表型可塑性，这赋予了其较强的适应环境能力。这些特性使含羞草决明能在多种立地条件下完成生活史，常常入侵山地、田野、路旁、水旁、郊野、荒地、废弃地、河岸等立地。在那些土层深厚、土壤肥沃、排水良好的立地中，含羞草决明常快速清除本地植物而形成单优的植物群落。

◆ 防治方法

含羞草决明具有较高的经济价值，常常被有意传播，因此，必须加强源头控制，严格对各种交通工具和旅游者携带的行李以及各种货物进行检疫，防止有意带入含羞草决明种子。含羞草决明种子主要依靠风媒和昆虫传播，扩散距离相对较近，范围较小，因此可考虑物理阻隔。对有性繁殖的最有效防控方法，是在种子成熟前去除荚果。含羞草决明刚刚入侵定居、危害面积较小时，可通过人工方式拔除，尤其是在种子成熟前将其去除效果更佳，这种方法可在短时间内迅速清除此有害植物。危害面积较大时，可采用专一性较强的除草剂防治。中国常用的低毒高效的除草剂有草甘膦、兰达、草坝王、毒莠定等。合适的生态替代法（选择本地植物构建人工群落）或变害为宝充分利用（全株有泻下作用，以及清热解毒、利尿、通便等功效），也是防治含羞草决明的有效方法。生物防治是最理想的方法，但需要找到理想的天敌，避免天敌造成的明显负面效应。必要时可将物理、化学、生物方法整合起来开展综合防治。

龙胆花

龙胆花是龙胆科龙胆属一年生或多年生草本植物。

◆ 分布

龙胆花在中国主要分布于内蒙古、黑龙江、吉林、辽宁、贵州、陕西、湖北、湖南、安徽、江苏、浙江、福建、广东、广西等省和自治区，俄罗斯、朝鲜、日本等国家也有分布。龙胆花主要生长在海拔400～1700米的山坡草地、路边、河滩、灌丛、草甸中，以及林缘和林下。

◆ 形态特征

龙胆花植株高达60厘米。根茎平卧或直立。花枝单生，棱被乳突。枝下部叶淡紫红色，鳞形，长4～6毫米，中部以下连成筒状抱茎；中上部叶卵形或卵状披针形，长2～7厘米，上面密被细乳突。花簇生枝

龙胆花植株

顶及叶腋，花无梗，每花具 2 枚苞片。苞片披针形或线状披针形，长 2.0 ～ 2.5 厘米。萼筒倒锥状筒形或宽筒形，长 1.0 ～ 1.2 厘米；裂片线形或线状披针形，长 0.8 ～ 1.0 厘米，长于或等长于萼筒。花冠蓝紫色，有时喉部具黄绿色斑点，筒状钟形，长 4 ～ 5 厘米，裂片卵形或卵圆形，长 7 ～ 9 毫米，先端尾尖，褶偏斜，窄三角形，长 3 ～ 4 毫米。蒴果内藏，宽长圆形，长 2.0 ～ 2.5 厘米。种子具粗网纹，两端具翅。花期 5 ～ 11 月。喜温凉湿润的环境，土壤一般为酸性土壤。繁殖方法可采用播种繁殖、分株繁殖，一般春播种、秋分株，也可进行扦插繁殖。

◆ 用途

龙胆花是云南八大名花之一、高原四大名花之一，具有极高的观赏价值和药用价值。其根和根茎皆可入药，有清热燥湿、泻肝胆实火等功效。

龙胆花的花

葎 草

葎草是桑科葎草属一年生或多年生缠绕草本植物，又称拉拉藤。

◆ 分布及危害

葎草分布于北半球的亚热带和温带,在中国主要分布于东北、华北、中南、西南、陕西、甘肃;在日本、朝鲜及俄罗斯也有分布。葎草常生于沟边、路边、荒地及田间,适应能力非常强,适生幅度特别宽,再生能力也很强。主要危害果树及作物,其茎缠绕在果树上,影响果树生长,局部地区对小麦危害较严重,常成片生长。葎草挥发物质对小麦、生菜、萝卜、黄瓜植物幼苗的生长有极显著的抑制作用。

◆ 形态特征

葎草茎蔓生,茎和叶柄均密生倒钩刺。叶对生,叶片掌状 5 ~ 7 裂,直径7 ~ 10厘米,裂片卵状椭圆形,叶缘具粗锯齿,两面均有粗糙刺毛,下面有黄色小腺点。花单性,雌雄异株,雄花排列成长圆锥花序,雄花小,淡黄绿色,花被片和雄蕊各 5,雌花排列成近圆形的穗状花序,腋生,每个苞片内有 2 片小苞片,每一小苞内都有 1 朵雌花,小苞片卵状

葎草的叶

披针形,被有白刺毛和黄色小腺点,花被片退化为全缘的膜质片,紧包子房,柱头2,红褐色。瘦果扁球形,淡黄色或褐红色,直径约3毫米,被黄褐色腺点。子叶线形,长达 2 ~ 3 厘米,叶上面有短毛,无柄。下胚轴发达,微带红色,上胚轴不发达。初生叶 2 片,卵形,三裂,每裂片边缘具钝齿,有柄,叶片与叶柄皆有毛。花期7 ~ 8

月，果期 9 ～ 10 月，9 月下旬种子成熟，植株枯萎。

葎草的雌花

◆ **防治方法**

葎草的防除技术方法主要有以下三种：①农业防除。精选播种材料，尽量勿使杂草种子或繁殖器官进入作物田，以减少田间杂草来源；清除地边、路旁的杂草，防止扩散；人工除草结合农事活动以及利用农机具或大型农业机械进行各种耕翻、耙、中耕松土等措施进行除草；也可利用覆盖、遮光等原理，用塑料薄膜覆盖或播种其他作物（或草种）等方法进行除草。②生物防除。可利用天敌绿盲蝽进行防控。另外，许多畜禽如鸡、兔等都喜欢吃鲜嫩葎草，可通过在果园等地林下养鸡、兔等方法啄食杂草，起到防控的作用。③化学防除。可选用氟乐灵、西玛津进行播后苗前土壤处理。在玉米苗后 3 ～ 4 叶期选用莠去津进行茎叶喷雾处理。在林带、果园、非耕地、田埂、路边可选用草甘膦、草铵膦等灭生性除草剂进行防除。

◆ **用途**

葎草全草入药，可清热解毒；种子榨油可供工业用；茎皮纤维可作造纸原料；由于其性强健，抗逆性强，也可用作水土保持植物。另外，其所含的化学成分多糖、黄酮具有抑菌活性，可研究开发成相应的除草剂或杀菌剂。

山黧豆

山黧豆是豆科山黧豆属多年生（野生种）或一年生（栽培种）草本植物，又称马牙豆。

◆ 分布

山黧豆野生种遍布欧亚大陆、东非、北美洲和南美洲地区，在中国广泛分布于东北、华北及西北等地；栽培种以一年生为主，主要集中在甘肃等地。山黧豆在中国明代就有栽培记载，历史悠久。

◆ 形态特征

山黧豆直根系，入土较浅。茎单一直立，具翅，株高20～100厘米。偶数羽状复叶，叶轴先端具不分枝卷须，下部叶呈针刺状，托叶披针形至线形；叶具小叶1～2（3）对，质硬，椭圆状披针形或线状披针形，先端具细尖，基部楔形，两面被短柔毛，上面稀疏。总状花序腋生，具小花5～8朵。萼钟状，被短柔毛。花瓣蓝紫色或紫色，旗瓣近圆形，先端微缺，瓣柄与瓣片近等长；

山黧豆植株

翼瓣狭倒卵形，与旗瓣等长或稍短，具耳及线形瓣柄；龙骨瓣卵形；子房密被柔毛。荚果线形。种子淡黄色，近马齿形。花期 5 ～ 7 月，果期 8 ～ 9 月。

◆ **生长习性**

山黧豆性喜凉爽，耐寒，幼苗可忍受 -6 ～ -8℃低温，但不耐高温。山黧豆耐旱不耐涝，年降水量为 300 毫米的地区可正常生长。山黧豆对土壤要求不严，除重黏土外，砂壤土、砂土、黏土均可生长；耐轻度盐碱，在土壤含盐量 0.4% 时可正常生长。

◆ **繁育方法**

以种子繁殖山黧豆。以野生驯化或杂交育种为主。

◆ **栽培管理**

选地与整地

山黧豆适应性强，对土壤要求不严，除积水地带和高盐碱土壤外，其余土壤均可种植。播种前整地并耙细整平土壤。

选种与播种

山黧豆种子较大，播种前可用温水浸泡促进其发芽。在北方 4 ～ 5 月播种，南方春夏秋均可播种。播种量为每公顷 60 ～ 75 千克，种子田每公顷 45 ～ 60 千克。播种方法为条播，行距 25 ～ 30 厘米，播种深度 3 ～ 4 厘米。

田间管理

苗期需要及时除杂草。整地同时可每公顷施农家肥 2000 ～ 2500 千克，在分枝期和盛花期可适当追肥。在分枝期和盛花期根据降水情况需及时浇灌水，雨季及时排水。

病虫害防治

山黧豆常见病害主要有白粉病、霉霜病和褐斑病等，可用相关药物及时防治。

◆ 采收与加工

山黧豆的最佳刈割期为初花期，可用于青饲或调制干草。收种可在85% 以上豆荚为黄褐色时收获。

◆ 价值

山黧豆主要用作饲料作物，营养价值高，开花期粗蛋白质含量可达21%。

土荆芥

土荆芥是苋科腺毛藜属一年生或多年生草本植物，又称鹅脚草、臭草、杀虫芥。

◆ 分布及危害

土荆芥原产于中、南美洲，现广布于世界热带及温带地区。在中国，1864 年在台北采集到标本。截至 2020 年，在北京、陕西、广西、广东、福建、台湾、香港、澳门、江苏、浙江、江西、湖南、四川等地有野生种群分布。土荆芥在长江流域一带已是十分常见的杂草，经常和黄花蒿、一年蓬等植物混生，侵入并威胁本地结缕草种群和护堤草坪。由于含有有毒的挥发油，土荆芥可对其他植物产生化感作用；同时大量的花粉也让它成为主要的花粉过敏原，对居民健康和人们的日常生活构成影响。土荆芥于 2010 年被中华人民共和国环境保护部（现中华人民共和国生态环境部）和中国科学院列入第二批外来入侵物种名单。

◆ 形态特征

土荆芥茎直立，多分枝，有色条及钝条棱；枝通常细瘦，有短柔毛并兼有具节的长柔毛，有时近于无毛。叶片矩圆状披针形至披针形，先端急尖或渐尖，边缘具稀疏不整齐的大锯齿，基部渐狭具短柄，上面平滑无毛，下面有散生油点并沿叶脉稍有毛，下部的叶长达 15 厘米，宽达 5 厘米，上部叶逐渐狭小而近全缘。花两性及雌性，通常 3～5 个团集，生于上部叶腋；花被裂片 5，较少为 3，绿色，果时通常闭合；雄蕊 5，花药长 0.5 毫米；花柱不明显，柱头通常 3，较少为 4，丝形，伸出花被外。胞果扁球形，完全包于花被内。种子横生或斜生，黑色或暗红色，平滑，有光泽，边缘钝，直径约 0.7 毫米。花期和果期的时间都很长。春季出苗，花果期 6～10 月。以种子繁殖，种子细小，多为黄褐色或红棕色。

◆ 入侵生物学及其适应特性

土荆芥耐受范围较广，种子数量较大且极易扩散。种子萌发的最佳处理温度范围为 15～20℃，在此温度下萌发率可达 80% 以上。整个萌发过程持续 14 天左右。种子可贮藏 1～3 个月，发芽率无明显影响。土荆芥多生长在南方乡村附近及其道路旁边，而北方一般用种子繁殖或育苗移栽。嗜好肥沃疏松、排水良好属中性或偏弱碱性（pH6.5～8）的砂质土壤。同时，盐基饱和度、有机质、速效钾、速效磷、磷、钙、钾、锌等对土荆芥的生长有一定影响。土荆芥全株含有丰富的次生代谢物质,如挥发油、黄酮、生物碱等。

◆ **防治方法**

对于自然界定殖的土荆芥入侵种群,防治方法主要包括人工拔除、药剂防治和生态替代。人工防除时,拔除工作应在开花结实前完成。在发生面积大时,可以通过机械铲除或喷洒除草剂的方法进行防治,草坪宁系列除草剂对土荆芥有很好的防治作用。此外,通过栽培具有经济或生态价值的土著植物来取代土荆芥的生物替代法,也是防治土荆芥的有效办法。

羽扇豆

羽扇豆是豆科羽扇豆属一年生或多年生草本植物,又称鲁冰花。

◆ **起源与分布**

羽扇豆原产于北美洲西部,野生种主要分布在非洲、地中海沿岸、阿拉斯加州海岸、太平洋及大西洋沿岸和阿尔卑斯山脉。中国于20世纪50年代初引入东北及华北地区。20世纪90年代先后引至洛阳和济南等地,而后在南方大部省份引种栽培。

◆ **形态特征**

羽扇豆直根粗壮,可深达1米以上。株高20~70厘米,全株被棕色或锈色硬毛。茎直立,基部分枝。掌状复叶,小叶5~8枚;叶柄远长于小叶;托叶钻形,下半部与叶柄连生;小叶倒卵形、倒披针形至匙形,先端具短尖,基部渐狭。总状花序顶生,下方花互生,上方花

羽扇豆的叶

不规则轮生；苞片钻形；花梗甚短几不可见；萼二唇形，下唇长于上唇，下唇具3深裂片，上唇裂片较浅；花冠蓝色，旗瓣和龙骨瓣具白色斑纹。荚果长圆状线形，密被棕色硬毛，先端具向下短喙，有种子3～4粒。种子卵形，扁平，黄色，具棕色或红色斑纹，光滑。花期3～5月，果期4～7月。

◆ **生长习性**

羽扇豆性喜光略耐阴；喜凉爽气候，忌炎热，较耐寒，-4℃以上均可存活。根系发达，耐旱。喜疏松肥沃、排水良好的微酸性土壤，在石灰质土壤或长期积水处生长不良。

◆ **繁育方法**

羽扇豆的繁殖以种子繁殖为主，在花卉应用中也可取粗壮枝条进行扦插繁殖。育种方法主要包括野生驯化、杂合群体筛选和杂交育种等。

◆ **栽培管理**

选地与整地

选地：①饲草种植。对土壤要求不严，除低洼积水地、酸性重黏土和石灰土外，

羽扇豆的花

其余土壤均可种植。②花卉种植。需选择田园土或富含腐殖质的土壤。

整地：羽扇豆喜疏松土壤，在播种前需对土壤进行深松耕。若作花卉栽培，需做畦，畦宽 0.8 ～ 1.0 米，高 0.2 米左右。

选种与播种

选种：根据种植目的选择适宜的羽扇豆品种。

播种：①饲草种植。春季播种，条播，每公顷播种 60 ～ 100 千克，行距 20 ～ 40 厘米，播种深度 2 ～ 3 厘米。②花卉种植。春季播种，南方也可在 9 ～ 10 月播种。种子均匀点播在畦上，覆土 3 ～ 5 厘米，株行距 12 厘米 ×20 厘米。

田间管理

生长早期注意防除杂草。在萌发前可利用防莠剂等药物除杂草。饲草用时可在播种时施入氮肥，每公顷约 30 ～ 40 千克，在出苗后 3 ～ 4 周追施钾肥，每公顷约 60 千克。在土壤 pH5.5 ～ 6 的地区，应适当施加钙肥和硫肥。花卉用则需要在苗期每隔 10 天左右追施 0.5% 尿素稀释液，花期用 1.5% 的复合肥稀释液浇施。旱时及时灌水，雨季及时排水防涝。

病虫害防治

羽扇豆常见病害有灰色叶斑病、炭疽病、白粉病和根腐病等。主要的虫害包括根结线虫、白象甲和菜青虫等。有关病虫害可喷施相关药物防治，药物种类要交叉使用，以免产生抗药性。

◆ 采收与加工

青饲料或青贮用可在初花期刈割。种子田在豆荚变为褐色时收获。

花卉育苗时，可在出苗 30 ～ 35 天真叶完全展开后移植。

◆ **价值**

饲用：羽扇豆营养价值丰富，干草粗蛋白质含量高达 19%。

观赏：羽扇豆花序直立突出，花大而艳丽，花期较长，观赏价值较高。

二年生草本植物

抱子甘蓝

抱子甘蓝是十字花科芸薹属甘蓝种二年生草本植物，以腋芽形成的小叶球为食用器官。

◆ 起源与分布

抱子甘蓝原产于地中海沿岸，由甘蓝进化而来。最早于 18 世纪出现在比利时的布鲁塞尔，从 19 世纪开始逐渐成为欧洲、北美洲国家的重要蔬菜之一，在英国、德国、法国等国家种植面积较大。清末，抱子甘蓝由荷兰引入中国，在中国大中城市近郊有小面积栽培。

◆ 形态特征

抱子甘蓝主根不发达，须根多。茎直立高大，顶芽和侧芽均发达，顶芽开展生长，形成同化叶，叶柄较长，叶片稍狭，叶缘上卷，呈勺子形。腋芽可形成许多绿色的小叶球，由于生长在叶腋间的叶球很符合"子附母怀"的意境，所以被称为"抱子甘蓝"。总状花序，异花授粉；完全花，花萼、花瓣均为 4 枚，十字形排列；4 强雄蕊（共 6 枚雄蕊，其中 2 枚退化），雌蕊 1 枚。果实为角果，种子圆球形，黑褐色无光泽，千粒重 3 克左右。

◆ **生长习性**

抱子甘蓝喜冷凉，耐霜冻，不耐高温，生长发育适温为 12 ～ 20℃。幼苗对温度适应性强，能忍受 -15℃ 的低温和 35℃ 的高温。结球适温为 10 ～ 15℃，高于 23℃ 不利于叶球形成。小叶球的形成需充足的阳光、较短的日照。抱子甘蓝对土壤的适应性广，适宜在土层深厚、有机质丰富、pH6.0 ～ 6.8 的砂壤土和黏壤土栽培。不耐旱，要保持土壤湿润，但不能积水。抽薹开花需要较长时间的长日照。

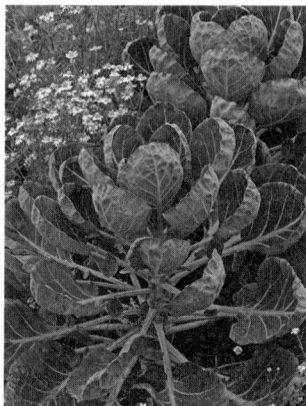
抱子甘蓝植株

◆ **栽培**

常采用育苗移栽繁殖抱子甘蓝，适宜苗龄为 35 ～ 45 天。移栽后的生长前期，田间应进行中耕松土、除草，并结合中耕

抱子甘蓝的小叶球

进行培土，防止植株倒伏；生长中期，水分管理以土壤见干见湿为原则。当下部小叶球开始形成时，要经常灌溉，使土壤保持充足水分。当植株茎中部形成小叶球时，要把下部老叶、黄叶摘去，有利于通风透光，促进小叶球发育，也便于小叶球采收。当小叶球紧实后，由下而上逐渐采收。生长期内主要病害是菌核病、霜霉病、软腐病和黑腐病。虫害主要有蚜虫、菜粉蝶、小菜蛾和甘蓝夜蛾等。

◆ **用途**

抱子甘蓝的小叶球鲜嫩，可炒食、凉拌、腌制泡菜，也可作汤菜、火锅菜用。小叶球营养丰富，蛋白质含量高，居甘蓝类蔬菜之首，维生素 C 和微量元素硒的含量也较高。

胡萝卜

胡萝卜是伞形科胡萝卜属二年生草本植物，又称红萝卜、甘荀，为野胡萝卜的变种，以肉质根作蔬菜食用。

◆ **形态特征**

胡萝卜植株高 15 ～ 120 厘米。茎单生，全体有白色粗硬毛。基生叶薄膜质，长圆形。叶柄长 3 ～ 12 厘米。茎生叶近无柄，有叶鞘。复伞形花序，花序梗长 10 ～ 55 厘米，有糙硬毛。总苞有多数苞片，呈叶状，羽状分裂。伞辐多数，结果时外缘的伞辐向内弯曲。小总苞片 5 ～ 7，线形。花通常白色，有时带淡红色。花柄不等长，长 3 ～ 10

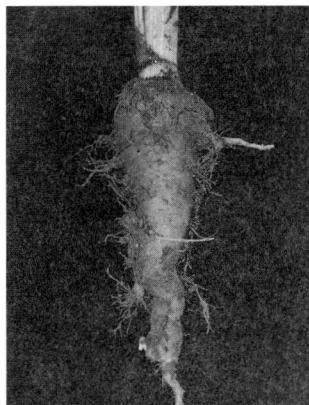

胡萝卜的根

毫米。果实圆卵形，长 3 ～ 4 毫米，宽 2 毫米，棱上有白色刺毛。花期 5 ～ 7 月。

◆ **栽培**

胡萝卜喜冷凉气候，生长适宜温度为 15 ～ 25℃，喜强光和相对干燥的空气条件，土壤要求干湿交替，水分充沛，疏松、通透、肥沃，具有一定形态质地和养分含量。需要具备灌溉条件且交通方便的地块，注意雨涝地块，玉米、胡麻用过除草剂地块，生荒地块不宜种植胡萝卜。胡萝卜较耐旱，尤其是苗期，30%～50%的土壤含水量能正常生长，需较大的温差和充足全面的养分，以利肉质根的发育，同时保证较高的胡萝卜素、茄红素含量。土壤温度稳定在8℃以上时可播种，15℃以上开始萌芽，最适宜生长温度为日温23～25℃，夜温12～15℃。温差大可使胡萝卜糖度增加，品质优胜。

◆ 用途

胡萝卜质脆味美、营养丰富，素有"小人参"之称，富含糖类、脂肪、挥发油、胡萝卜素、维生素A、维生素B1、维生素B2、花青素、钙、铁等营养成分。每100克胡萝卜中，约含蛋白质0.6克、脂肪0.3克、糖类7.6～8.3克、铁0.6毫克、维生素A 1.35～17.25毫克、维生素B1 0.02～0.04毫克、维生素B2 0.04～0.05毫克、维生素C 12毫克、热量150.7千焦，另含果胶、淀粉、无机盐和多种氨基酸。各类品种中，尤以深橘红色胡萝卜含有的胡萝卜素最高。

芹 菜

芹菜是伞形科芹属二年生草本植物，又称旱芹、药芹、胡芹，以叶柄作蔬菜食用。

◆ 起源与分布

芹菜原产于地中海沿岸的沼泽地带，在古希腊、罗马时代已作为药材和香料使用，并较早地在地中海沿岸栽培，后渐东移。中国《尔雅》

中有"芹,楚葵也"。《齐民要术》中有
关于芹菜栽培技术的记载,所指多属水芹。
直至明代李时珍著《本草纲目》,才有旱
芹和水芹之分。芹菜可分为旱芹(青芹)、
水芹(白芹)、西芹(香芹)三种,中国
南北各地均有种植。

芹菜植株

◆ **形态特征**

芹菜株高 60～90 厘米,侧根发达,
多分布在土壤表层。叶着生在短缩茎上,叶柄基部有分生组织,能逐渐
伸长。芹菜按叶柄形态可分为细柄种及宽柄种两类,前者叶柄细长,生
长健壮,适于密植,易栽培,生育期一般较宽柄种为短,由于中国普遍
栽培,通称"本芹";宽柄种多由欧美引入,叶柄宽厚,肉质脆嫩,外
形光滑,品质优良,但在冷凉气候下较难栽培,通称"西芹"。除叶用
种外,尚有变种根芹菜,根肥大而圆,中国也有栽培。

◆ **栽培**

芹菜性喜冷凉、湿润
的气候,属半耐寒性蔬菜;
不耐高温,可耐短期0℃
以下低温。种子发芽最低
温度为4℃,最适温度为
15～20℃,15℃以下发芽
延迟,30℃以上几乎不发

芹菜的叶

芽；幼苗能耐 −5 ～ −7℃低温，属绿体春化型植物，3 ～ 4 片叶的幼苗在 2 ～ 10℃条件下经过 10 ～ 30 天通过春化阶段。西芹抗寒性较差，幼苗不耐霜冻，完成春化的适温为 12 ～ 13℃。由于种子小，生长期长，多采用育苗移栽，但也有直播的。中国各地都在春、夏至秋季播种育苗。从播种到收获需 100 ～ 140 天。中国北方除在露地栽培外，还可在温室、阳畦和塑料薄膜棚中栽培。常见的病害有软腐病、斑枯病、斑点病，害虫有蚜虫等。

◆ 用途

芹菜含芳香油、蛋白质、无机盐和丰富的维生素。叶用芹维生素 C 含量较多，根用芹维生素 C 含量略少，矿物质和纤维素较丰富。芹菜是高纤维食物，经肠内消化作用产生木质素或肠内酯，这类物质是抗氧化剂，因此常吃芹菜可帮助皮肤有效地抗衰老，有美白护肤的功效。除作蔬菜外，芹菜在中医学上有止血、益气、利尿、降血压等功能。果实中的芳香油经蒸馏提炼后可用作调和香精的原料。

牛 蒡

牛蒡是菊科牛蒡属二年生草本植物，又称恶实、大力子、鼠黏草、牛鞭菜等。以干燥成熟果实入药，药材名牛蒡子。

◆ 分布

牛蒡在中国主产于河北、山东、江苏等地。

◆ 形态特征

牛蒡具粗长肉质直根。茎直立，高 2 米。基生叶宽卵形，长达 30

厘米，宽达 20 厘米，上面绿下灰白，被绒毛；茎生叶与基生叶同形；花序下部叶小。头状花序在茎枝顶端，伞房花序；总苞卵形或卵球形，苞顶端有软骨质钩刺；小花紫红色。瘦果倒长卵形。花果期 6 ～ 9 月。

牛蒡植株

◆ 生长习性

牛蒡喜光喜温、耐寒耐旱、较耐盐碱、喜较湿润土壤，忌积水。第 1 年仅生根叶，第 2 年开花结种。5℃以下完成春化。抽薹开花需 12 小时以上日照。

◆ 繁殖方法

牛蒡以种子繁殖。春播。条播按行距 60 厘米开沟，沟深 3 厘米，撒播于沟内。穴播按株行距 30 厘米 ×60 厘米开穴，穴播 4 ～ 6 粒。覆土 3 厘米，稍镇压，保持湿润。

◆ 栽培管理

牛蒡栽培管理要点有：①选地整地。选疏松肥沃、排水良好、地下水位较低、pH6.5 ～ 7.5 的地块。前茬收获后，早耕深耕。②田间管理。3 ～ 5 片真叶时按株距 20 厘米间苗。6 片叶时按株距 40 厘米定苗。及时中耕除草，最后 1 次中耕时培土。株

牛蒡的花

高 30 厘米时，施尿素 10 千克 / 亩；旺盛生长期，施尿素 15 千克 / 亩；根开始膨大时，施复合肥 20 千克 / 亩。③病虫害防治。主要有叶斑病、白粉病、根腐病等病害，斜纹夜蛾、蚜虫、地下害虫等害虫为害。发病初期用杀菌剂防治病害，拌毒饵诱杀地下害虫，综合防治。

◆ 采收加工

秋季果实成熟时采收果序，随熟随采。果序晒干，人工或机械打下果实，除去杂质，再晒干。

◆ 价值

牛蒡子味辛、苦，性寒，归肺、胃经，具疏散风热、宣肺透疹、解毒利咽等功效。用于风热感冒，咳嗽痰多，麻疹风疹，咽喉肿痛，痄腮等。主要成分有木脂素类和挥发油，少量生物碱等。牛蒡也常作蔬菜种植，根可食用。

矢车菊

矢车菊是菊科矢车菊属二年生草本植物，又称蓝芙蓉。

◆ 起源与分布

矢车菊原产于欧洲东南部，世界各地广泛栽培。

◆ 形态特征

矢车菊株高 60 ～ 90 厘米，也有矮生品种，株高仅 30 厘米左右。整株粗糙呈灰绿色。茎秆细，直立，分枝多。上半部叶线状披针形，基部叶呈羽状深裂。头状花序顶生，花色有蓝、红、紫、白等。瘦果。花期 4 月至 6 月上旬。栽培品种繁多，有重瓣、半重瓣、大花型和矮生型

等。同属种类有香矢车菊、美洲矢车菊和
山矢车菊。

◆ 栽培管理

矢车菊喜温暖、湿润，喜光、怕炎热，
要求肥沃、疏松和排水良好的土壤。矢车
菊适应性强，也耐瘠薄土壤，有自播能力，
采用播种繁殖，多在 9 月前后秋播，北方
也可春播，播后 7 ～ 10 天发芽。矢车菊属
直根性花卉，栽培时宜直播，少移栽。可
摘心促进分枝。一般春播苗较瘦弱，开花
差。生长期应适当追肥，但氮肥不宜过多，
以免徒长。

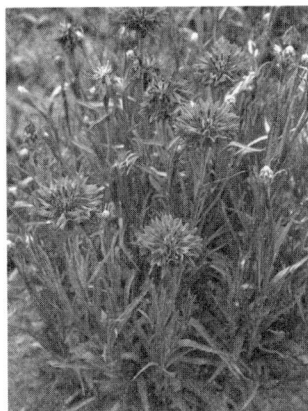

矢车菊植株

◆ 用途

矢车菊高秆品种可用于花境布置或
用作切花，矮性品种常用于盆栽或地被
观赏。

矢车菊的叶

野胡萝卜

野胡萝卜是伞形科胡萝卜属二年生草本植物，别称鹤虱草。

◆ 分布及危害

野胡萝卜在中国各省（区）均有分布，亚洲、欧洲、南北美洲、大
洋洲也有分布。野胡萝卜果实常混入胡萝卜果实中传播，该种是胡萝卜

地里的拟态杂草，常生于果园、茶园、草地、麦田中，在野外可通过化感作用影响本土植物的生长，部分作物受害较重，为常见农田杂草之一。

野胡萝卜植株

◆ **形态特征**

野胡萝卜成株高 20 ～ 120 厘米。直根肉质，淡红色或近白色，根系发达。茎直立，单一或分枝，有粗硬毛。基生叶丛生，茎生叶互生；叶片二至三回羽状全裂，末回裂片线形至披针形。复伞形花序顶生；总苞片多数，叶状，羽状分裂，裂片线形，反折；伞幅多数；小总苞片 5 ～ 7，线形，不裂或羽状分裂；花梗多数；花瓣 5，白色或

野胡萝卜的叶和花序

淡红色。双悬果长圆形，灰黄色至黄色，4 次棱有翅，翅上有短钩刺。幼苗除子叶外，全体有毛。子叶近线形，先端钝或渐尖，基部稍狭。初生叶 1，具长柄；叶片 3 深裂，末回裂片线形。后生叶羽状全裂。下胚轴发达，淡紫红色，上胚轴不发育。以种子进行繁殖，秋季或早春出苗，花果期 5 ～ 9 月，为半耐寒性植物。

◆ **防治方法**

野胡萝卜的防除技术方法主要有以下两种：①化学防治。休闲耕地可选用草甘膦、草铵膦、敌草快等进行防除；在农田根据具体种植作物

合理选用相应的除草剂，如在小麦、玉米田可选用氯氟吡氧乙酸、麦草畏、莠去津等，在马铃薯田可选用嗪草酮等进行防除。②综合防治。包括采取农艺措施、生物和化学等防

野胡萝卜的双悬果

治技术。在野胡萝卜发生较多的农田或地区，合理组织作物轮作换茬，加强田间管理及中耕除草工作；还可采用玉米、小麦等秸秆覆盖抑制。也可饲养鸡、鸭等进行生物防治。

◆ **用途**

野胡萝卜全草入药，具有健脾化滞、凉肝止血、清热解毒之功效。果实提炼出来的精油对蚊幼虫的毒杀效果很好，可开发环保蚊虫杀幼剂；可提取芳香油及油脂；野胡萝卜还是一种优质饲料。

月见草

月见草是柳叶菜科月见草属的一种二年生草本植物，又称夜来香、山芝麻。由于其花是在傍晚开放，天亮则凋谢，故名月见草。由于该植物的种子可以榨油，故又称山芝麻。

◆ **起源与分布**

月见草原产于北美洲中部和东部地区，尤以加拿大与美国东部最为常见，为许多国家和地区的常见归化植物。月见草在中国东北、华北、

华东、华中及西南地区广泛栽培，并经常逸生野生化于海拔 0 ～ 600 米开阔的路边或荒坡上。

◆ 形态特征

月见草株高 30 ～ 200 厘米。茎不分枝或者分枝，被弯曲的柔毛与伸展的长毛，茎上端混生有腺毛。基生叶为紧密莲座状，具柄，两面被长毛，倒披针形，长 10 ～ 25 厘米，宽 2 ～ 4.5 厘米，先端锐尖，基部楔形，边缘疏生不整齐的浅齿。茎生叶互生，螺旋状排列，近无柄，椭圆形至条状披针形，边缘具不整齐锯齿，长 7 ～ 20 厘米，宽 1 ～ 5 厘米，边缘有疏齿，两面被曲柔毛与长毛。花序穗状，不分枝，或仅具次级侧分枝。苞片叶状，近无柄，果期宿存。花蕾锥状，长圆形，顶端具喙，夜间开放。花管长 2.5 ～ 3.5 厘米，直径 1 ～ 1.2 毫米，黄绿色或有时红色。花两性，辐射对称，单生于叶腋。萼片绿色，有时红色，开放时自基部反折；萼筒延伸于子房之上，裂片 4，披针形，长约 2 厘米。花

瓣 4，鲜黄色，宽倒卵形，长 2.5 ～ 3 厘米，宽 2 ～ 2.8 厘米，先端凹缺；雄蕊 8，花丝近等长，长 10 ～ 18 毫米，花药长 8 ～ 10 毫米；子房下位，绿色，圆柱状，具 4 棱，长 1 ～ 1.2 厘米，粗 1.5 ～ 2.5 毫米，密被长柔毛与短腺毛或混生曲柔毛；心皮 4，合生，中轴胎座，4 室，每室多胚珠；花柱长 3.5 ～ 5 厘米，伸出花管部分长 0.7 ～ 1.5 厘米；柱头 4 裂，围以花药，

月见草植株

开花时花粉直接授于柱头裂片之上。蒴果圆柱形，具4钝棱，被毛。种子多数，在果实中呈水平排列，暗褐色，具种缨。花期5～8月，果期9～10月。夜间开花吸引蝶、蛾与蜂类昆虫为之传粉。

月见草的花

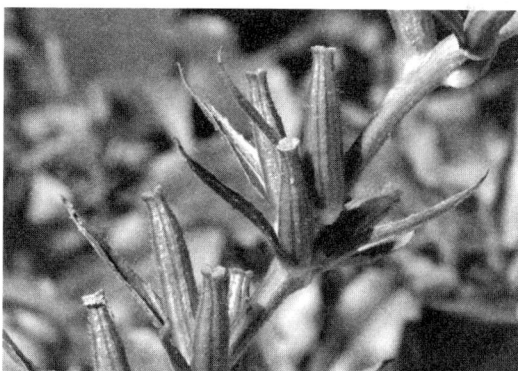

月见草的蒴果

◆ 用途

月见草植株与种子在北美地区为鸟类重要食物来源之一。植株可提取月见草精油；根为解热药，还可酿酒；茎皮纤维可制绳；花含芳香油；种子榨油可食，并可入药，有降低血脂、抗肿瘤等功效。

第5章

二年生或多年生草本植物

白花败酱

白花败酱是忍冬科败酱属的一种二年生或多年生草本植物,名出《中国高等植物图鉴》。

◆ 分布

白花败酱分布于中国河南、安徽、江苏、湖南、福建、广东等地区,日本也有分布。白花败酱生于海拔100～2000米的林下、林缘、灌丛、草地及路边。

◆ 形态特征

白花败酱高50～120厘米。有根状茎,茎有粗毛,稀无毛。基生叶丛生,莲座状,宽卵形或卵状披针形,长4～12厘米,宽2～5厘米,边有粗锯齿,常有1～2对裂片,两面有粗毛。下部叶叶柄有翅,上部叶无柄。圆锥花序或伞房花序,总苞卵状披针形至线形。花萼较小,被毛;花冠5深裂,白色,筒部短,无距。雄蕊4枚,伸出花冠。子房下位,3室,花柱短于雄蕊,柱头头状。瘦果倒卵形,背部有一由小苞片形成的圆翅，顶端圆钝，全缘或轻微 3 裂。花期 8 ～ 10 月，果期 11 ～ 12 月。染色体数目 $2n = 44$。

白花败酱的花序

◆ **药用价值**

白花败酱含有 β- 谷甾醇及熊果酸，为中国的传统中药。其根茎和全草均可入药，具有清热解毒、祛瘀排脓之功效，临床上用于治疗肺痈、痢疾、肠炎及腹痛。

飞　廉

飞廉是菊科飞廉属二年生或多年生有害草本植物，别称飞轻、天荠、伏猪、伏兔、飞雉、飞廉蒿、老牛错、红花草、刺打草、雷公菜、枫头棵、飞帘、红马刺、刺盖、刺萝卜、大蓟等。

◆ **分布及危害**

飞廉在中国主要分布于新疆天山山脉、准噶尔阿拉套山脉、准噶尔盆地，四川凉山州各县和石渠、色达、德格、理塘县及阿坝州各县，西藏阿里地区，内蒙古、宁夏、甘肃等地均有分布；国际上分布于欧洲、北非等地。飞廉生于海拔 540 ～ 2300 米的山谷、田边、山坡草地、荒野、路旁或亚高山草甸，喜碱性钙质砂土。

飞廉为低等饲用植物，幼苗期山羊、绵羊、牛、马、驴均喜欢采食，现蕾至开花期，牛、马、羊仅采食其花蕾和花序，种子成熟后各类牲畜均不采食。植株成熟老化后，茎或叶等刺变硬，牲畜误食后易对口腔黏膜造成机械性损伤，引起口腔疾病。接触时划破皮肤造成机械性损伤，或混入被毛，影响皮革、羊毛等畜产品质量。

◆ 形态特征

飞廉主根肥厚，伸直或偏斜，茎直立，高 70 ～ 100 厘米，具纵条棱，并附有绿色翼，翼有齿刺。下部叶椭圆状披针形，长 5 ～ 20 厘米，羽状深裂，裂片边缘具刺，上面绿色，具细毛或近平光滑，下面具蛛丝状毛，后渐变光滑；上部叶渐小。头状花序 2 ～ 3 枚，着生于枝端，直径 1.5 ～ 2.5 厘米；总苞钟形，长约 2 厘米，宽 1.5 ～ 3 厘米，苞片多层，外层较内层渐变短，中层苞片线状披针形，先端长尖呈刺状。向外反曲，内层苞片线形，膜质，稍带紫色。花全为管状花，两性，紫红色，花管长 15 ～ 16 毫米，先端 5 裂；雄蕊 5，花药合生；雌蕊 1，花柱细长，柱头 2 裂。瘦果长椭圆形，长 3 毫米，顶端平截，基部收缩；冠毛白色或灰白色，长约 15 毫米，呈刺毛状。花期 6 ～ 7 月。

◆ 防治方法

在飞廉集中分布草地，应加强牧场管理，减少飞廉对牲畜的危害，具体措施有：①加强管理，严格控制放牧时期。春季幼嫩时，飞廉茎叶适口性较好，牲畜喜欢采食，可适当在飞廉生长区域放牧；植株成熟老化后,茎或叶等刺变硬,对牲畜口腔、皮肤造成机械性刺伤,危害牲畜健康,影响毛皮质量,应及时转场。②建立围栏,划区轮牧。可根据天然草地飞廉分布情况,在飞廉优势分布区建立围栏,防止牲畜采食。③秋季飞廉成熟季节,鼓励牧民收割,粉碎后可为牲畜冬春季补充饲料。

◆ 用途

飞廉全草入药,具散瘀止血、清热利湿等功效,主治吐血、鼻衄、尿血、风湿性关节炎、膏淋、小便涩痛等病症。现代药理研究发现,飞廉茎含降压生物碱飞廉碱和去氢飞廉碱,夏秋季节盛花期采收,可作为药用植物资源利用。

列　当

列当是列当科列当属的一种二年生或多年生寄生草本植物,名出《图经衍义本草》。

◆ 分布

列当分布于中国甘肃、河北、黑龙江、湖北、吉林、辽宁、内蒙古、宁夏、青海、陕西、山东、山西、四川、新疆、云南,朝鲜、日本等地也有分布。列当生长于沙丘、山坡及沟边草地上,海拔600～1300米地带,常寄生在蒿属植物的根上。

◆ 形态特征

列当植株高(10～)15～40(～50)厘米,全株密被蛛丝状长绵毛。茎直立,不分枝。叶卵状披针形,长1.5～2厘米,宽5～7毫米,连同苞片和花萼外面及边缘密被蛛丝状长绵毛。花多数,排列成穗状花序,长 10 ～ 20 厘米；花萼长 1.2 ～ 1.5 厘米，2 深裂达近基部，每裂片中部以上再 2 浅裂，小裂片披针形；花冠长 2 ～ 2.5 厘米，深蓝色、蓝紫色或淡紫色，筒部在花丝着生处稍上方缢缩，口部稍扩大；上唇 2 浅裂，下唇 3 裂；雄蕊 4 枚，花丝着生在花冠筒中部，长 1 ～ 1.2 厘米，基部常被长柔毛，花药卵形，长约 2 毫米，无毛；雌蕊长约 1.5 ～ 1.7

列当的花

厘米，子房椭圆体状或圆柱状，花柱与花丝近等长，无毛，柱头 2 浅裂。蒴果卵状长圆形或圆柱形，长约 1 厘米，直径 3 ～ 4 毫米，干后深褐色。种子多数，不规则椭圆形或长卵形，干后黑褐色。花期 4 ～ 7 月，果期 7 ～ 9 月。

列当植株

◆ **药用价值**

列当全草药用，有补肾壮阳、强筋骨、润肠之功效，主治阳痿、腰酸腿软、神经官能症及小儿腹泻等症。外用可消肿。

牛繁缕

牛繁缕是石竹科鹅肠菜属二年生或多年生草本植物，又称鹅肠菜。

◆ **分布及危害**

牛繁缕在中国广布，以江苏、河南、湖北、湖南、贵州、云南、四川、黑龙江、河北、山西、陕西、甘肃等地较多。牛繁缕生长于低洼湿润农田、路旁、山野等处，常成单一群落或混生。牛繁缕在稻麦轮作田发生较重，主要危害小麦、油菜、蔬菜和绿肥等作物，棉花、豆类、薯类、甜菜田及果园亦有发生。

◆ **形态特征**

牛繁缕具须根，茎自基部分枝，外倾或上升，下部伏地生根。叶对生，卵形或宽卵形，基部近心形，先端锐尖，全缘，下部叶有柄，上部叶近无柄。单歧聚伞花序顶生枝端或单生于叶腋，苞片叶状，边缘具腺毛。花梗细，密被腺毛；萼片5，卵状披针形或长卵形，基部稍连合；花瓣白色，5枚，2深裂至基部，裂片披针形，先端2齿，裂片与萼片互生。蒴果卵圆形，较宿萼稍长，5瓣裂至中部，裂瓣2齿裂。种子略扁，肾圆形，深褐色，有显著的散星状突起。幼苗子叶椭圆形；初生叶2片，卵状心形。

◆ **繁殖方法**

以种子和匍匐茎对牛繁缕进行繁殖。种子发芽的最低温度 5℃，最适 15 ～ 20℃，最高限于 25℃；土层深度限于 3 厘米以内，适宜范围为 0 ～ 1.5 厘米；适宜土壤含水量为 20% ～ 30%，但浸入水中也能发芽。花期 5 ～ 6 月，果期 6 ～ 8 月。在长江中下游地区，多在 9 ～ 11 月出苗，也有少量在早春发生；10 月以前出苗，当年深秋则可开花结实，在其以后出苗，翌年春季开花结实，5 月种子渐次成熟落地或借外力传播扩散，经 2 ～ 3 个月休眠后萌发。牛繁缕的繁殖力比较强，平均单株结籽 1370 粒左右。

◆ **防治方法**

牛繁缕的防除技术方法主要有以下两种：①综合治理技术。农艺措施，如精选良种、合理密植、提高播种质量，以及机械措施，如适年（如隔年）翻耕等，均有利于降低出苗基数、以苗控草。②化学技术。提倡越年生杂草秋治，春季可依田间草情，适时实施补治。无论何时用药，必须依作物种类、品种、栽培方式，合理选择除草剂。冬前作物播后苗前（移栽前）、杂草苗前至 2 叶期前，可使用高渗异丙隆或精异丙甲草胺进行土壤喷雾处理，冬前或春后早期，可使用苯磺隆、噻吩磺隆、酰嘧磺隆、氯氟吡氧乙酸、唑草酮、双氟磺草胺、唑嘧磺草胺、二氯吡啶酸、草除灵，或混剂，如氟氯吡啶酯·双氟磺草胺、唑草酮·苯磺隆、双氟磺草胺·唑嘧磺草胺、氯氟吡氧乙酸·唑草酮、双氟磺草胺·2,4- 滴异辛酯等进行茎叶喷雾处理，均可有效防控其危害。

琴叶鼠耳芥

琴叶鼠耳芥是十字花科鼠耳芥属的一种一年生、二年生或多年生草本植物，别称琴叶拟南芥。

◆ 分布

琴叶鼠耳芥分布于中国吉林、台湾，日本、朝鲜、俄罗斯（远东及西伯利亚东部）以及北美洲西北部也有分布。琴叶鼠耳芥生长于碎石坡、林地、路边及高寒地区，海拔 1700 ～ 3400 米的地带。

◆ 形态特征

琴叶鼠耳芥高（5 ～）10 ～ 30（～ 45）厘米。茎直立或匍匐，基生 1 至数枝，通常上端分支，基部具单毛或分叉毛，顶部无毛。基生叶叶柄长 0.5 ～ 2（～ 6）厘米，叶片倒披针形或卵圆形，叶表面混杂具单毛及有柄的分叉毛，边缘锯齿状或大头羽裂状，每侧各有 1 ～ 3 个侧叶，顶端钝；茎生叶偶有数个柄，中间叶倒披针形，全缘、波状或不明显齿状，少有浅裂，向上逐渐变小。萼片 2 ～ 3 毫米，无毛或密生软毛，侧面具

琴叶鼠耳芥的花

一对囊状物；花瓣白色，匙形或倒卵形；瓣爪长 1 毫米；花丝白色，长 2 ～ 3 毫米；花柱 0.5 毫米。长角果线状、念珠状，扁平；果梗细弱，分叉，直立，长（0.5 ～）0.8 ～ 1.2 厘米；裂瓣具有明显延伸至全长的中脉。种子扁平椭圆形，浅棕色，长 0.9 ～ 1.2 毫米；子叶背倚胚根。花期 3 ～ 7 月，果期 6 ～ 10 月。

紫罗兰

紫罗兰是十字花科紫罗兰属二年生或多年生草本植物，又称草桂花。

◆ 起源

紫罗兰原产于地中海沿岸。同属植物约 60 种。

◆ 形态特征

紫罗兰茎直立，多分枝，高 30 ～ 60 厘米，全株具灰色星状柔毛。叶互生，长圆形至倒披针形，基部呈叶翼状，先端钝圆，全缘。总状花序，两侧萼片基垂囊状，花瓣 4 枚，具长爪，有紫红、淡红、淡黄、白色等，微香。长角果，种子具翅。可因栽培季节不同而有春、夏、秋、冬紫罗兰之分。

◆ 栽培管理

紫罗兰喜冷凉的气候,忌燥热。喜通风良好的环境,冬季喜温和气候,但也能耐短暂的 -5℃低温。生长适温白天 15 ～ 18℃，夜间 10℃左右。对土壤要求不严，但在排水良好、中性偏碱的土壤中生长较好，忌过酸性土壤。其适生于位置较高的地带，在梅雨天气炎热而通风不良时则易受病虫危害；施肥不宜过多，否则对开花不利；光照和通风如果不充分，

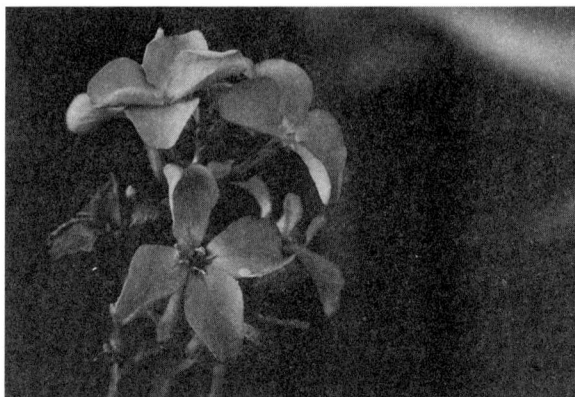

紫罗兰的花

易患病虫害。紫罗兰以播种繁殖，常见栽培的还有夜香紫罗兰，花淡紫色，浓香，傍晚开放，次日闭合。

◆ 用途

紫罗兰花朵茂盛，花色鲜艳，香气浓郁，花期长，为众多爱花者所喜爱，适宜作切花和盆栽观赏，也适宜布置花坛、台阶、花境，是欧洲名花。

多年生草本植物

艾　蒿

艾蒿是菊科蒿属多年生草本或略成半灌木状植物，又称艾草、艾、白蒿、冰台等。

◆ 分布及危害

艾蒿分布广，除极干旱与高寒地区外，几乎遍及中国；蒙古国、朝鲜、俄罗斯也有分布，日本亦有栽培。模式标本采自中国华北。艾蒿常生长于园边、路旁、山坡灌丛中，喜温暖、湿润气候，耐寒、耐旱、耐阴，对土壤要求不严格，以疏松、肥沃、富含腐殖质的土壤生长较多。艾蒿是麦田、果园、茶园和桑地等经济作物种植区常见的杂草，因其植株形态较大，改变土壤结构与土壤肥力，对作物生长造成严重危害，降低作物的产量。

◆ 形态特征

艾蒿成株主根明显，略粗长，侧根多；常有横卧地下根状茎及营养枝。茎单生或少数，高 80 ～ 150（～ 250）厘米，有明显纵棱，褐色或灰黄褐色，基部稍木质化，上部草质，并有少数短的分枝；茎、枝均被灰色蛛丝状柔毛。茎下部叶近圆形或宽卵形，羽状深裂；中部叶卵形、三角状卵形或近菱形；上部叶与苞片叶羽状半裂、浅裂或 3 深裂或 3 浅裂，或不分裂。头状花序椭圆形，无梗或近无梗，每数枚至 10 余枚在分枝上排成小型的穗状花序或复穗状花序，并在茎上通常再组成狭窄、尖塔形的圆锥花序，花后头状花序下倾；总苞片 3～4 层，覆瓦状排列，外层总苞片小，草质，卵形或狭卵形，背面密被灰白色蛛丝状绵毛，边缘膜质，中层总苞片较外层长，长卵形，背面被蛛丝状绵毛，内层总苞片质薄，背面近无毛；花序托小；花冠管状或高脚杯状，外面有腺点，花药狭线形，先端附属物尖，长三角形，基部具不明显小尖头，花柱与花冠近等长或略长于花冠，先端 2 叉，花后向外弯曲，叉端截形，并有睫毛。瘦果长卵形或长圆形。幼苗叶厚纸质，上面被灰白色短柔毛，并有白色腺点与小凹点，背面密被灰白色蛛丝状密绒毛。

◆ 生长习性

艾蒿生长繁殖期适宜气温为 24～30℃，气温高于 30℃茎秆易老化，冬季气温低于 –3℃时，当年生宿根生长不良，花果期 7～10 月。

◆ 防治方法

艾蒿生长期可用乙羧氟草醚、氟磺胺草醚或者精喹禾灵单独或者混合兑水喷洒防治，甲草胺、乙草胺、莠去津等对其也有良好的去除效果。艾蒿属于半灌木，生长不密，也可以通过人工拔除或者机械的方法去除。

◆ 用途

艾蒿是一味传统中草药，具通经活络、行气活血、祛除寒湿、回阳救逆、防病保健等功效。现代医学研究表明：艾蒿具有治疗慢性支气管炎、支气管哮喘、过敏性皮肤病、慢性肝炎、三叉神经痛、关节炎的功效，还可软化血管，抑制痢疾杆菌、伤寒杆菌等病原菌的生长。煎剂可兴奋离体子宫，抑制离体肠管；艾叶油有明显利胆作用，能增加胆汁流量；艾叶的燃烧生成物渗入皮肤，可抑制或清除自由基，延缓衰老。古人用燃烧艾蒿的办法来驱赶蚊虫。

白三叶

白三叶是豆科三叶草属多年生草本植物，又称白车轴草、荷兰三叶草、荷兰翘摇等。

◆ 起源与分布

白三叶原产于中近东、小亚细亚，后传入欧洲和亚洲。16世纪后期荷兰首先栽培，1700年后传入英国，随后传入美国、新西兰。广泛分布于世界温带及亚热带高海拔地区，是世界上分布最广的牧草。中国自20世纪20年代引种以来已遍布全国，在南方，尤其是长江中下游的平原和低山丘陵地区大面积种植。白三叶可用作饲草，也用作草坪草和地被植物。

◆ 形态特征

白三叶主根较短，侧根和须根发达。茎匍匐蔓生。匍匐茎分枝多，分枝顶端部分稍上升。匍匐茎靠近地表的节上生根。全株无毛。掌状三出复叶；小叶倒卵形或心脏形，长8～20毫米，宽8～16毫米。叶缘有细齿，叶面中央有"V"形白斑。叶柄较长，一般10～30厘米，微被柔毛。总状花序球形，着生于花梗顶端，具花 20 ～ 50 朵，无总苞。花长 7 ～ 12 毫米，花柄比花萼稍长或等长，开花立即下垂。花冠白色、乳黄色或淡红色，具香气。旗瓣椭圆形，比翼瓣和龙骨瓣长近 1 倍；龙骨瓣比翼瓣稍短。荚果长圆形；每荚种子通常 3 粒，种子心形，千粒重 0.5 ～ 0.7 克。

白三叶植株

◆ **生长习性**

白三叶是长日照植物，略耐阴，喜温暖湿润气候，最适生长温度为 19 ～ 24℃。白三叶耐寒性较好，在中国南方可以绿色越冬，在积雪厚度达 20 厘米、气温 -15℃ 的东北地区能安全越冬；耐热性较差，气温 35℃ 以上有夏枯现象。适宜在年降水量 800 ～ 1200 毫米的地区生长，不耐干旱和长期积水。白三叶耐贫瘠能力较强，对土壤要求不高，尤

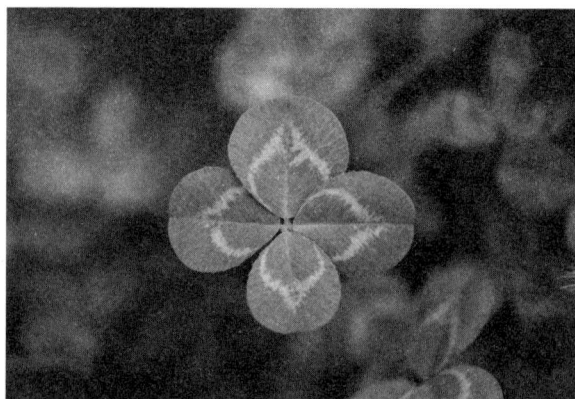

白三叶的叶

其喜欢黏土，也可在砂质土中生长。喜弱酸性土壤，不耐盐碱，土壤pH6～6.5对根瘤形成有利。

◆ **繁育方法**

白三叶以种子繁殖为主，也可以用匍匐茎进行无性繁殖。白三叶为异花授粉植物，虫媒花，已形成适应各地的生态型。中国进口品种较多，既有通过杂交、回交等传统育种方法育

白三叶的花

成的牧草品种，也有通过转基因技术育成的新品种。传统育种方法育种周期较长。白三叶转基因育种研究较多，将豌豆清蛋白基因转入白三叶，可增加白三叶体内豌豆清蛋白的含量。将富硫玉米储存蛋白基因转入白三叶后，检测到其在白三叶植株嫩叶中表达量可达0.3%，老叶中表达量高达1.3%，显著提高植株体蛋白含量。

◆ **栽培管理**

整地与基肥

白三叶种子细小，苗期生长缓慢，与杂草竞争力弱，播前要精细整地、清除杂草。在土壤黏重、降水量多的地方种植，应开沟作畦以利排水。在整地时应施足基肥，一般每亩施钙、镁、磷肥20～25千克。过酸的土壤则每亩补加50千克石灰作基肥。

选种与播种

春、秋均可播种。中国南方春播在3月中旬前，秋播宜在10月中旬前。可条播或撒播。播种量为 0.25～0.5 千克／亩。间作套种时常采用条播。白三叶出苗的顶土能力弱，播种深度一般不超过2厘米，否则不能出苗。

田间管理

出苗后盖度高，机械除草有一定困难，故多用人工拔草方法。土壤水分充足时生长势较旺，干旱时适当灌溉；雨水过多时应及时排涝降渍，以利于生长。

病虫害防治

病害较轻，偶有褐斑病、白粉病发生，可先刈割，再用波尔多液、石硫合剂或多菌灵等防治。白三叶虫害主要防治对象为棉铃虫、甜菜夜蛾、斑潜蝇、地老虎等。一般不需专门用药。若害虫大量发生，确须防治时，可选用菊酯类农药。

◆ 采收与加工

白三叶用作饲草时，初花期收割，此时刈割生物产量最高，营养也最丰富。年可刈割3次或4次，每公顷产鲜草30～45吨。刈割时留茬不低于5厘米，以利再生。每次收割10天之后，应追施磷钾复合肥150～220千克／公顷，厩肥22.5～30吨／公顷及钼、硼微肥，以促进其生长和提高固氮能力。

◆ 价值

白三叶作为重要饲用牧草和绿化植物，用途多样。白三叶茎叶柔软且叶多茎少，畜禽喜食，是刈牧兼用型牧草。初花期干物质含量中粗蛋白含量可达 25%，粗纤维含量低，饲用价值高。枝叶茂盛，固土能力强，是水土保持的理想覆盖作物。同时，作为绿肥腐烂分解快，增肥效果好。白三叶耐阴性好，常作为果园生草在林下种植。同时，白三叶全草可入药。

百喜草

百喜草是禾本科雀稗属多年生草本植物，俗称巴哈雀稗。

◆ 起源

原产于南美洲东部的亚热带地区。常见品种主要有阿根廷、托福特 -9、巴拉圭、竞争者、威明顿等。

◆ 形态特征

百喜草具粗壮、木质、多节的根状茎，秆密集丛生，高约 80 厘米。叶鞘基部扩大，长 10 ～ 20 厘米，长于其节间，背部压扁成脊，无毛。叶舌膜质，极短，紧贴其叶片基部有一圈短柔毛。叶片长 20 ～ 30 厘米，宽 3 ～ 8 毫米，扁平或对折，平滑无毛。总状花序 2 枚对生，腋间具长柔毛，长 7 ～ 16 厘米，斜展。穗轴宽 1 ～ 1.8 毫米，微粗糙，小穗柄长约 1 毫米。小穗卵形，长 3 ～ 3.5 毫米，平滑无毛，具光泽。第二颖稍长于第一外稃，具 3 脉，中脉不明显，顶端尖。第一外稃具 3 脉。第二外稃绿白色，长约 2.8 毫米，顶端尖。花药紫色，长约 2 毫米，柱头黑褐色。

◆ 生长习性

百喜草适于在温暖潮湿的气候区生长，不耐寒，低温保绿性较好。百喜草靠短的、扁平的匍匐茎和根茎来蔓生，根系粗糙，分布广而深。

极耐旱，干旱过后其再生很好。耐阴性强，适应的土壤范围很广，从干旱砂壤到排水性差的细壤均可生长，尤其适于海滨地区的干旱、粗质、贫瘠的沙地，适于 pH6 ～ 7 的土壤。耐盐，但耐淹性不好。

◆ 栽培管理

因百喜草盛产种子，故主要为种子繁殖，但易产生许多大的种子柄，未经处理的种子发芽率很低，通过用酸或热处理种皮可提高发芽率。种子发芽后成坪速度快。养护管理粗放，对病虫害抵抗性强，修剪高度 4 ～ 5 厘米。氮肥需要量为每个生长月 0.5 ～ 2.0 克 / 米^2，秋季的氮肥尤其重要，可以减少枯草层的积累。

◆ 用途

因百喜草形成的草坪坪观质量较低，故适于在低质量、贫瘠地区的土壤，如路旁、机场和类似低质量的地区建植草坪。

常青异燕麦

常青异燕麦是禾本科异燕麦属多年生丛生型草本植物，又称蓝燕麦草。

◆ 起源

原产于欧洲中部和西南部，中国有引种。

◆ 形态特征

常青异燕麦是冷季型草，叶片灰绿，略带蓝色。株型开展成拱形，株高（含花序）可达 140 厘米、冠幅 60 厘米。圆锥花序突出于叶层，蓝棕色，结实后转为棕黄色，花期 6 ～ 8 月。

常青异燕麦单株

◆ **栽培管理**

常青异燕麦适应性广，具有很强的抗逆性，耐旱耐贫瘠，耐粗放管理。春季播种或分株繁殖。夏季干旱时有休眠现象。

◆ **用途**

常青异燕麦在园林设计和景观中常用作观赏地被或与其他植物、山石等进行配置，与粉色系的草花搭配效果更佳，也可作为镶边材料、盆景等。

刺儿菜

刺儿菜是菊科蓟属多年生草本植物，又称小蓟。

◆ **分布及危害**

刺儿菜世界广布，中国各地均有分布。刺儿菜常生于田边、路旁、空旷地或山坡，为麦、棉、豆、甘薯、果园、路边常见杂草。刺儿菜多发生于土壤疏松的旱性田地，北方农田局部危害较重，亦为棉蚜、向日葵菌核病的寄主，间接危害作物。

◆ **形态特征**

刺儿菜地下有直根及根状茎。茎直立，幼茎被白色蛛丝状毛，有棱，高 30 ~ 50 厘米。单叶互生，长 7 ~ 10 厘米，宽 1.5 ~ 2.5 厘米，缘具刺状齿，基生叶早落，下部和中部叶椭圆状披针形，两面被白色蛛丝状毛，中、上部叶有时羽状浅裂。雌雄异株，雄株头状花序较小，雌株花序则较大，总苞片多层，外层甚短，中层以内先端长渐尖，具刺；花冠紫红色，雄花花冠长 15 ~ 20 毫米，其中花冠裂片长 10 毫米，雌花花冠长 25 毫米，其中裂片长 5 毫米；花药紫红色，雌花具退化雄蕊，长约 2 毫米。瘦果椭圆形或长卵形，略扁，表面浅黄色至褐色；有波状横皱纹，每面具 1 条明显的纵脊；顶端截形。冠毛白色，羽毛状，脱落性。子叶出土，阔椭圆形，长 6.5 毫米，宽 5 毫米，稍歪斜，全缘，基部楔形。下胚轴发达，上胚轴不发育。初生叶 1 片，椭圆形，缘具齿状刺毛，无毛，随之出现的后生叶几与初生叶成对生。

◆ **繁殖方法**

刺儿菜花期 3 ~ 4 月，果期 5 ~ 6 月。以发达的根状茎行营养繁殖，如被切断，则每段都能萌生成新株，借以迅速繁殖扩散；也可以种子进行繁殖。

◆ **防治方法**

刺儿菜的防除技术方法主要有以下两种：①化学防治。玉米田常用氯氟吡氧乙酸、2 甲 4 氯、2,4- 滴异辛酯等在刺儿菜 2 ~ 4 叶期做茎叶处理；也可用三氮苯类除草剂莠去津、氰草津等在玉米播种后杂草出苗前做土壤处理；有一定防效的复配制剂包括烟嘧磺隆·莠去津、硝磺草酮·莠去津、苯唑草酮·莠去津等。大豆、花生田、棉花田常用氟磺胺草醚、乙羧氟草醚、乳氟禾草灵等于刺儿菜苗期做茎叶处理。油菜田可用二氯吡啶酸在刺儿菜苗期进行茎叶处理。但上述除草剂只能在一定程度上控制刺儿菜地上部。果园、观察道、田埂等采用草铵膦、草甘膦、氨氯吡啶酸等加保护罩做定向喷雾，草甘膦对刺儿菜地下部繁殖器官有较好防效。②综合防治。北方地区冬前机械深翻，冬季可冻死土壤表层切断的刺儿菜繁殖器官。采用黑色薄膜覆盖，可提高膜下温度、减少气体交换，使刺儿菜窒息死亡。植物秸秆覆盖，靠遮光及物理作用减少其种子发芽、出苗。

◆ 用途

刺儿菜全株可作猪饲料；亦可药用，具有破血行瘀、凉血、止血之功效。

葱

葱是百合科葱属多年生宿根草本植物，以叶鞘和叶片供食用。葱在中国自古栽培，2000 多年前的《尔雅》中已见记载。

◆ 形态和类型

葱叶片管状，中空，绿色，先端尖，叶鞘圆筒状，抱合成为假茎，色白，通称葱白。分生组织在叶鞘基部，葱叶收割后仍能继续生长。茎短缩为盘状，茎盘周围密生弦线状根。伞形花序球状，位于总苞中。花白色，每花结种子 6 粒，千粒重 3 ～ 3.5 克。

葱的叶

葱可分为：①普通大葱。中国的主要栽培种为普通大葱，可按假茎的高度分为长白葱（梧桐葱）、中白葱（鸡腿葱）和短白葱（秤砣葱）3 个类型。②分葱。叶色浓，葱白为纯白色，辣味淡，品质佳。③楼葱。又名龙爪葱。洁白而味甜，葱叶短小，品质欠佳。④胡葱。多在南方栽培，质柔味淡，以食葱叶为主。

◆ 栽培

普通大葱耐寒，-10℃可不受冻害，在中国东北部也可露地越冬。生长适温为 20 ～ 25℃。根系弱，极少根毛。适宜肥沃的砂质壤土。采用种子繁殖。以收葱白为目的的，多在秋季或早春育苗，入夏开沟栽植，生长期间分次培土并结合追肥，以利葱白形成，冬初收获。以收绿葱为目的的，则从春到秋随时可以播种。分葱多在秋季分株繁殖，第二年早春收获。常见病害有紫斑病、霜霉病、软腐病和锈病，虫害有葱蛆和蓟马等。

◆ 用途

葱含有挥发性硫化物，具特殊辛辣味，是重要的解腥、调味品。葱白甘甜脆嫩。葱叶和葱白含维生素 C、胡萝卜素和磷较多。中医学认为葱有杀菌、通乳、利尿、发汗和安眠等药效。

葱的花序

佛甲草

佛甲草是景天科景天属多年生肉质草本植物。

◆ 起源与分布

佛甲草原产于中国和日本，在中国分布很广，生于低山或平地草坡上。

◆ 形态特征

佛甲草株高10～20厘米，茎多分枝，幼时直立，后下垂呈丛生状。叶线形或线状披针形，常3叶或4叶轮生，横截面较圆，宽不超过2毫米，先端钝尖，基部无柄。聚伞花序顶生，疏生花，着生花无梗；萼片5，线状披针形；花小，花瓣5，黄色，披针形，长4～6

佛甲草的叶

毫米，先端急尖，基部稍狭；雄蕊 10，较花瓣短。花期 4～5 月，果期 6～7 月。

佛甲草的花

◆ **栽培管理**

佛甲草喜温暖湿润、光照充足环境，生性强健，耐寒、耐旱力强，对土壤要求不严，但以疏松肥沃、排水良好的土壤为佳，忌涝。在中国北方地区栽培，严寒期地上部茎叶冻枯，翌年土壤解冻后可萌发新芽，早春便能覆盖地面。在长江以南地区栽种，则四季常绿。常采用播种或扦插繁殖。

◆ **用途**

佛甲草植株整齐美观，可作盆栽观赏，也可作为园林地被，是良好的屋顶绿化材料。全草可药用，有清热解毒、散瘀消肿、止血的功效。

瓜叶菊

瓜叶菊是菊科瓜叶菊属多年生草本植物。

◆ **起源**

瓜叶菊原产于非洲西北海域的加那利群岛，最初是杂交而成的，杂交种于 1777 年在英国首次开花。因植株叶片大如瓜叶而得名。

◆ **形态与种类**

瓜叶菊高 30～70 厘米。茎直立，密被白色长柔毛。叶具柄，叶片大，肾形至宽心形，叶缘不规则浅裂或钝锯齿状。头状花序直径 3～5 厘米，多数，在茎端排列成宽伞房状。花色丰富，除黄色外其他颜色均有，还有红白相间的复色品种，常见蓝紫色、白色系列。瘦果长圆形，具棱，初时被毛，后变无毛。花期 1 ～ 4 月。

瓜叶菊园艺品种极多，可分为大花型、星型、中间型和多花型 4 类，不同类型中又有重瓣程度和高度不同的品种。

瓜叶菊的茎

◆ 栽培管理

瓜叶菊是喜光性植物，冬季室内栽培需要阳光充足才能叶厚色深、花色鲜艳。性喜凉爽气候，不耐夏季炎热高温，生长适宜温度为15℃，尤其在冬季花蕾形成和开花时要注意保持适当的温度。喜富含腐殖质且排水良好的砂质土壤，pH6.5 ～ 7.5 较适宜。喜土壤潮湿，但忌积水，忌叶片高湿不通风。生长期每 7 ～ 10 天施一次 2% 左右的淡饼肥或1%的氮、磷、钾复合肥，交替使用效果更好。瓜叶菊对栽培养护有相对较高的要求，生长期可能出现的病虫害有白粉病、灰霉病、黄萎病、蚜虫、白粉虱、蓟马等，要注意控制湿度，保持良好

瓜叶菊的叶

的通风。

瓜叶菊的花

◆ 用途

瓜叶菊常作一二年生栽培。头状花序顶生，繁密如花球，是冬春时节主要的观赏植物之一。常用于宾馆内庭、会场、剧院、公园入口处的花坛布置，通常采用盆栽摆放的形式；也常作为元旦、春节期间室内的观赏植物，可盆栽置于阳台、窗台、案头、几架等。

假菠萝麻

假菠萝麻是龙舌兰科龙舌兰属多年生草本植物，又称短叶龙舌兰。

◆ 起源与分布

假菠萝麻原产于墨西哥。1937年传入中国。现印度以及中国的广东、广西部分地区有分布，多处于野生状态。

◆ 形态特征

假菠萝麻叶片多，刚直，短而薄，辐射状伸展。叶长50～70厘米，叶宽6～8厘米，为常见龙舌兰品种中叶片最短的一种；叶密生，叶缘有小刺，钩状；嫩叶表面有蜡粉。圆锥花序，花轴高3～5米，花蕾长3～4厘米。花期5～6月。体细胞染色体数目为60或120，为二倍体或四倍体，杂交后代可育。生命周期10年以上，产叶1000片以上，单株年产叶90～100片。纤维白色至淡黄色，有光泽，纤维率4%。束纤维强力 70～80 千克（每克 30 厘米）。

◆ **用途**

假菠萝麻因叶片短、叶缘有刺而没有集约栽培价值，中国南部滨海地区作为围篱有少量种植。由于叶片极多，可作杂交亲本。叶汁含海柯吉宁、替柯吉宁和绿莲吉宁等皂苷元，可用于制造药物。

金光菊

金光菊是菊科金光菊属多年生草本植物。金光菊原产于北美洲。

金光菊高50～200厘米。茎上部有分枝，无毛或稍有短糙毛。叶互生，无毛或被疏短毛。下部叶具叶柄，不分裂或羽状 5～7 深裂，顶端尖，边缘具不等的疏锯齿或浅裂，中部叶 3～5 深裂，上部叶不分裂，卵形。头状花序单生于枝端，具长花序梗。总苞半球形，总苞片 2 层，长圆形。舌状花金黄色，舌片倒披针形，顶端具 2 短齿。管状花黄色或黄绿色。瘦果无毛，压扁，稍有 4 棱，长约 5～6 毫米，顶端有具 4 齿小冠。花期 7～10 月。

金光菊的叶

金光菊的花

金光菊是一种美丽的观赏植物，在中国各地庭园常见栽培。

满天星

满天星是石竹科丝石竹属多年生草本植物。

◆ 起源

满天星原产于欧洲中部和东欧、亚洲中部和西部。满天星生于草原上干燥、砂质和石质石灰岩土质上。

◆ 形态特征

满天星株高可达 1.2 米。茎细，分枝很多。叶对生，窄而长，无叶柄，叶色粉绿。圆锥状聚伞花序多分枝，花小而多，花梗纤细，花白色至淡粉红色。蒴果球形。种子细小，圆形，直径约 1 毫

满天星植株

米。花期6～8月。单瓣、重瓣品种均有，常见品种有仙女、完美、钻石、火烈鸟等。

满天星的叶

◆ **栽培管理**

满天星喜日照充足、温暖湿润的环境，较耐阴、耐寒，在排水良好、肥沃和疏松的壤土中生长最好。栽培土质以微碱性的石灰质壤土为佳。灌水量不宜过多，适当干旱有利于开花。生长适宜温度为10～25℃。花后及时修剪可促进开花。常用播种和扦插繁殖。

◆ **用途**

满天星花小而多，星星点点尤其适合作为花束的配材，在大花之间填空，增加层次感，提供有效的背景，也适宜在花坛、路缘、花篱栽植，还可用于盆栽观赏和盆景制作。可入药，具有清热利尿、化痰止咳等功效。

芒

芒是禾本科芒属多年生苇状草本植物。

◆ **分布及危害**

芒在中国分布于黑龙江、吉林、辽宁、甘肃、陕西、安徽、福建、台湾、广东、广西、海南、河北、河南、山东、湖北、湖南、江苏、浙江、江西、四川、重庆、云南、贵州。芒生长于海拔2000米以下的山坡、岸边、草地、荒地，为果园、茶园和路埂常见杂草，发生量少，危害不严重。

◆ **形态特征**

芒秆高 1 ~ 2 米，无毛
或在花序以下疏生柔毛。叶
片线形，长 20 ~ 50 厘米，
宽 6 ~ 10 毫米，下面疏生
柔毛及被白粉，边缘粗糙；
叶舌膜质，长 1 ~ 3 毫米，
顶端及其后面具纤毛；叶鞘

芒植株

无毛，长于其节间。圆锥花序直立，长 15 ~ 40 厘米，主轴无毛，延伸
至花序的中部以下，节与分枝腋间具柔毛；分枝较粗硬，直立，不再分
枝或基部分枝具第二次分枝，长 10 ~ 30 厘米；小枝节间三棱形，边缘
微粗糙，短柄长 2 毫米，长柄长 4 ~ 6 毫米；小穗披针形，长 4.5 ~ 5
毫米，黄色有光泽，基盘具等长于小穗的白色或淡黄色的丝状毛；第一
颖顶具 3 ~ 4 脉，边脉上部粗糙，顶端渐尖，背部无毛；第二颖常具 1
脉，粗糙，上部内折之边缘具纤毛；第一外稃长圆形，膜质，长约 4 毫米，边缘具纤毛；第二外稃明显短于第一外稃，先端 2 裂，裂片间具 1 芒，芒长 9 ~ 10 毫米，棕色，膝曲，芒柱稍扭曲，

芒的叶舌

长约 2 毫米，第二内稃长约为其外稃的 1/2；雄蕊 3 枚，花药长 2.2 ～ 2.5 毫米，稃褐色，先雌蕊而成熟；柱头羽状，长约 2 毫米，紫褐色，从小穗中部之两侧伸出。颖果长圆形，暗紫色。以根状茎和种子进行繁殖，花果期 7 ～ 12 月。

◆　繁殖方法

芒种子最适萌发温度为 25℃，低于 10℃种子萌发和幼苗生长受抑制；光照时间对种子萌发率无影响，但对萌发指数、活力指数和幼苗生长有显著影响，最适光照时间为 12 小时；种

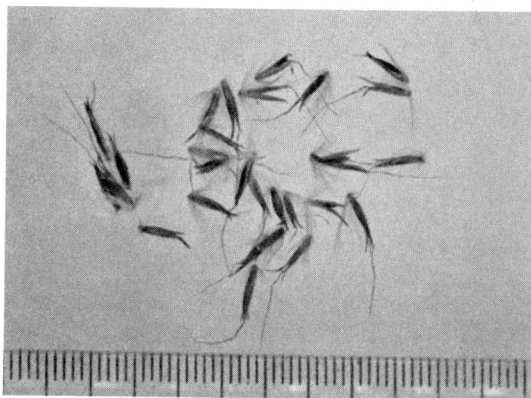

芒的种子

子萌发的最适土壤含水量为 10%，含水量 25% 时萌发受到显著抑制；种子出苗最适深度为 3 毫米。

◆　防治方法

防除芒时可选用草甘膦等除草剂进行化学防治，也可用机械刈割或者用种植生命力强、覆盖性好的植物进行替代控制。

◆　用途

芒幼茎入药，有散血、去毒功效；秆皮纤维可造纸，秆穗可作扫帚；可用作食用菌栽培基质；可作固土护坡植物、观赏植物、能源植物和矿山迹地先锋植物。

匍匐剪股颖

匍匐剪股颖是禾本科剪股颖属多年生草本植物，又称匍茎剪股颖、本特草。

◆ 分布

匍匐剪股颖分布于欧亚大陆的温带和北美洲；在中国东北、华北、西北及江西、浙江等地均有分布，常见于河边和较潮湿的草地。

◆ 形态特征

匍匐剪股颖具发达的匍匐茎，节上可生不定根。芽型卷曲式，叶片线形，叶鞘稍带紫色，叶舌膜质，长 2.5～3.5 毫米。圆锥花序卵状长圆形，带紫色，成熟后呈紫铜色。小穗长 2 毫米，

匍匐剪股颖的匍匐茎

二颖等长。外稃顶端钝圆，内稃较外稃短。颖果卵形，黄褐色，长约 1 毫米，宽约 0.4 毫米。

◆ 生长习性

匍匐剪股颖喜冷凉湿润气候，耐寒、耐热、耐瘠薄、耐强度低修剪，修剪高度可低至 5 毫米，喜阳光充足条件，但也有一定耐阴性。匍匐茎横向蔓延能力强，能迅速覆盖地面，形成致密草坪。但匍匐茎节上不定根入土浅，耐旱性较弱。匍匐剪股颖对土壤要求不严，在微酸性至微碱性土壤均能生长，喜湿润肥沃、通透性良好的土壤，对紧实土壤的适应

性差。匍匐剪股颖春季返青较慢，在
北京地区绿色期为 250 ～ 260 天。

◆ **栽培管理**

以种子和匍匐茎均可繁殖匍匐剪
股颖。播种量 3 ～ 5 克 / 米 ^{2}，春、秋
季均可播种。因种子细小，播种前需
精细整地，播种后切忌覆土过深，以
轻耙不见种子即可。出苗后应保证土
壤潮湿，注意除杂草。栽植匍匐茎或
移栽成活的关键是保证土壤充足的水

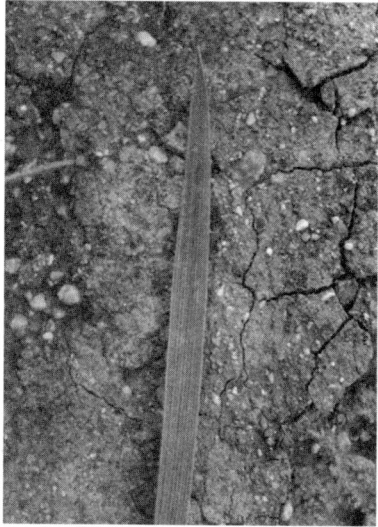

匍匐剪股颖的叶片

分。由于该草生长快，需水量大，成坪后应注意浇水和修剪。修剪高度
在 2 厘米左右时能形成致密、均一、细腻的草坪，修剪高度过高则引起
枯草层的形成和积累，降低草坪质量。用作高尔夫球场果岭时，其修剪
高度常为 5 毫米左右。在此修剪高度下，匍匐剪股颖抗病虫害能力较差，
需精细管理。

◆ **用途**

匍匐剪股颖主要用作高尔夫球场果岭和发球台、草地网球场、草地
保龄球场等精细管理的草坪，也可用于公园、庭院等养护水平较高的绿
地。由于其匍匐茎侵占性强，一般不与冷季型草坪草混播。

蒲　草

蒲草是莎草科蒲草属多年生水生或沼生草本植物，又称水烛。

◆ 分布

蒲草在中国分布于黑龙江、吉林、辽宁、内蒙古、河北、山东、河南、陕西、甘肃、新疆、江苏、湖北、云南、台湾等地，国外的尼泊尔、印度、巴基斯坦、日本、欧洲、美洲及大洋洲等亦有分布。

◆ 形态特征

蒲草根状茎乳黄色、灰黄色，先端白色。地上茎直立，粗壮，高1.5～2.5米。叶片长54～120厘米，宽0.4～0.9厘米，上部扁平，中部以下腹面微凹，背面向下逐渐隆起呈凸形，下部横切面呈半圆形，细胞间隙大，呈海绵状；叶鞘抱茎。雌雄花序相距2.5～6.9厘米；雄花序轴具褐色扁柔毛，单出，或分叉；叶状苞片1～3枚，花后脱落；雌花序长15～30厘米，基部具1枚叶状苞片，通常比叶片宽，花后脱落；雄花由3枚雄蕊合生，有时2枚或4枚组成，花药长约2毫米，长距圆形，花粉单体，近球形、卵形或三角形，纹饰网状，花丝短，细弱，下部合生成柄，长（1.5～）2～3毫米，向下渐宽；雌花具小苞片；孕性雌花柱头窄条形或披针形，长1.3～1.8毫米，花柱长1～1.5毫米，子房纺锤形，长约1毫米，具褐色斑点，子房柄纤细，长约5毫米；不孕雌花子房倒圆锥形，长1～1.2毫米，具褐色斑点，先端黄褐色，不育柱头短尖；白色丝状毛着生于子房柄基部，并向上延伸，与小苞片近等长，均短于柱头。小坚果长椭圆形，长约1.5毫米，具褐色斑点，纵裂。种子深褐色，长1～1.2毫米。花果期6～9月。

◆ 生长习性

蒲草生于湖泊、河流、池塘浅水处，水深达1米或更深，沼泽、沟渠亦常见，当水体干枯时可生于湿地及地表龟裂环境中。

◆ **栽培管理**

选地与整地

蒲草最适宜生长在有浅水、底部具深厚沃土的湖泊或池沼。栽植前要进行整地，如果土壤坚实，便要翻耕或用锹挖栽植穴，穴 23 ～ 26 厘米见方。如果土壤松软，则只要挖出草根进行沤肥，沤肥须在栽前 15 天进行。

田间管理

蒲草栽后半个月，用手拔净杂草，最好连续除草 2 ～ 3 次，要求在小暑前后除净杂草，这样，蒲草可发生 3 批分株。

春季气温回升后（8 ～ 10℃）即可栽种，盆栽宜选用口径 50 厘米左右的瓦缸，用瓦片把盆的底孔盖好，加入 3 ～ 5 厘米厚的塘泥，再放上 3 厘米厚的腐熟的有机肥料作为基肥，其上覆盖塘泥，装到花盆的一半高度，放入根茎，填入塘泥，泥面离盆沿 12 ～ 18 厘米。根茎种好，加入清水，深度大约为 2 厘米。小浮叶长出后，适时追施液肥能最大限度地满足其生长和开花的需要。

每年春季植株萌芽前的一个月，湖、池内要保持 17 厘米以上的浅水层，以适应地下根系活动的需要。随着植株萌芽生长加快，水层要逐渐加深，植株长大以后，水层可加深到 60 ～ 100 厘米。采收时，为了假茎大部分或全部可淹没在水中，蒲草不能缺水受旱，否则，植株黄瘦，大量抽薹开花，少生或不生分株。

◆ 价值

蒲草是中国传统的水景花卉，用于美化水面和湿地；蒲草的叶片可作为编织材料制作蒲包、蒲席等；茎叶纤维可造纸；花粉称蒲黄，供药用，为止血剂，能消炎、止血、利尿；蒲绒（雌花）可填床枕；花序可作切花或干花。

赛　葵

赛葵是赛葵科赛葵属半灌木状多年生旱生草本植物，又称黄花草、黄花棉。

◆ 分布及危害

赛葵原产于美洲，该种最早入侵香港及广东沿海，为一种热带常见杂草，能排挤本地植物。赛葵属世界热带地区广布种，系中国归化植物，在南方常见，主要分布于广东、广西、福建、台湾和云南，散生于干热草坡、荒地、路旁以及果园，危害较轻。

◆ 形态特征

赛葵成株高达 1 米，疏被单毛和星状粗毛。叶卵形或卵状披针形，长 2 ～ 6 厘米，先端钝尖，基部宽楔形或圆，边缘具粗锯齿，上面疏被长毛，下面疏被长毛和星状长毛；花单生叶腋。花

赛葵植株

赛葵的花

梗长约5毫米，被长毛；花瓣5，黄色，倒卵形，径约8毫米；雄蕊管顶部有多数花药；心皮约10，每心皮有1直立的胚珠，柱头头状。分果扁球形，直径约6毫米；分果片8～15，近顶端具芒刺1条，背部被毛，具芒刺2条。幼苗由种子萌发，叶卵形，掌状分裂或有齿缺。终年可开花结果，以种子繁殖，也可用芽孢进行营养繁殖。

◆ **防治方法**

草坡、荒地、路旁或其他非耕地上的赛葵，可在幼苗期利用草甘膦、草铵膦、2甲4氯钠及环嗪酮、敌草隆、2甲4氯·敌草隆、莠灭净等除草剂防除，在果园使用非选择性除草剂时应进行定向喷雾，防止药液喷到果树上，以免产生药害。除了使用除草剂外，还应采取农艺措施，如利用各种耕翻、耙、中耕松土等措施。在农作物播种

赛葵的分果

前后及各生育期等进行不同时期除草，要将其地下部分翻出地面使之干死。同时，要清除路旁、田边的杂草，以防止其种子的传播。此外，还应考虑综合利用等。

◆ 药用价值

赛葵全草入药，秋季采挖，洗净，分别切碎晒干，具有清热利湿、解毒散瘀之功效，可祛除内伤、旧伤，用于感冒肠炎、痢疾、黄疸型肝炎、风湿关节痛；外用治跌打损伤、疔疮、痈肿等。

沙 葱

沙葱是百合科葱属多年生草本植物，又称蒙古韭、蒙古葱、野葱、山葱。

◆ 分布

沙葱是中国沙区常见的一种野生植物，主要分布在陕西榆林，内蒙古毛乌素、库布齐、乌兰布和、腾格里、巴丹吉林沙漠，甘肃河西走廊，青海柴达木盆地，新疆东部等地；在蒙古国南部、俄罗斯和哈萨克斯坦也有零星分布，为蒙古高原的特有种。

◆ 形态特征

沙葱植株直立呈簇状，株高 15 ～ 30 厘米。根黄白色。鳞茎和肉质叶簇生于茎盘上，茎为缩短鳞茎，根茎部略膨大，鳞茎圆柱形，外皮褐黄色，破裂呈松散的纤维状。叶片呈条形半圆柱状，实心，叶色浓绿，叶表覆有灰白色薄膜，叶鞘白色，圆筒状。花茎圆

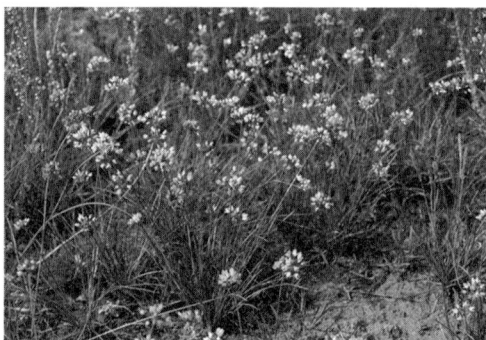

沙葱植株

柱状直立，花为淡紫色或紫红色伞
房花序，花薹长 15 ～ 30 厘米。种
子黑色，半椭圆形。

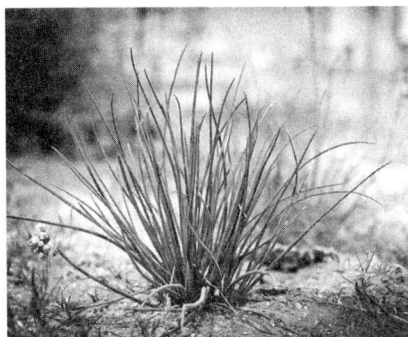

沙葱属长日照喜光植物，弱光
条件下生长细弱，叶片呈灰绿色；
耐旱、耐寒、耐瘠薄能力极强，遇
降水时生长迅速，干旱时停止生

沙葱的叶

长；生长适宜温度为 12 ～ 26℃，既耐高温也耐低温，在 10 ～ 40℃ 的
温度下均能存活。沙葱在野生条件下生长，要求较低的空气湿度和通透
性较强的纯沙地。

沙葱叶长达 5 ～ 25 厘米时采收，首次采收后生长会逐步加快，应
视其生长情况及时采收，一般 15 ～ 20 天采收一次。采用刈割方式，在
傍晚或早晨为宜，刈割时应从鳞茎上部进行。

◆ **用途**

沙葱叶为主要食用器官，可清炒、凉拌、烹调拌馅，亦可干制或腌

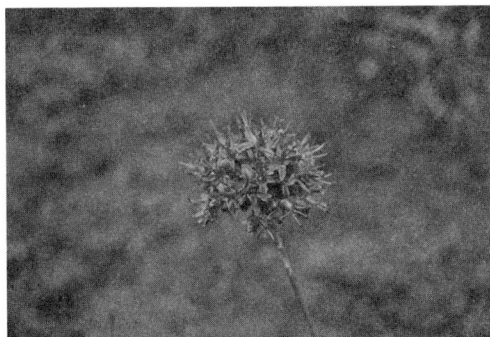

沙葱的花

制，其花和种子可作调味佐料。沙葱所含营养成分较全面，富含矿物质营养、必需微量元素和氨基酸，具有降血压、降血脂、开胃消食、健肾壮阳、治疗便秘等特殊功效，食之能治赤白痢、肠炎、腹泻等病，被誉为"菜中灵芝"。

蛇鞭菊

蛇鞭菊是菊科蛇鞭菊属多年生草本花卉。

◆ 起源与分布

蛇鞭菊原产于北美洲，常见于大平原和落基山脉的交界处，并向东部延伸。蛇鞭菊原为北美洲本土野花，后因引种栽培而呈现于大众视野。中国多地有栽培，主要栽培种类为：①蛇鞭菊，花葶 90 ～ 120 厘米，花为紫红色，花期 7 ～ 9 月。②聚花蛇鞭菊。③蔷薇蛇鞭菊。

◆ 形态特征

蛇鞭菊直立细长，高度为 50 ～ 120 厘米。根系强壮，可以保留和吸收土壤周围的水分，粗根可达 4.8 米深，有很好的耐旱力。叶为线性，对生聚集在植物基部，向上延伸至花簇。紧密排列的头状花序自上而下开放，形成穗状花序，花为紫色或白色。茎基部膨大为扁球状，形成球状根茎；球状根茎是主要营养储存器官，为植株生长提

蛇鞭菊植株

供营养。花期 7 ~ 9 月。

栽培管理

蛇鞭菊易成活，对土壤要求不高，喜排水好、阳光充足的环境条件；耐高温，耐贫瘠，具有一定的耐寒性。蛇鞭菊以分球繁殖和种子繁殖为主：①分球繁殖。在春季用锋利干净的刀片将洗净的蛇鞭菊块根切成几段，确保每部分有根和正在生长的芽或叶。然后折断全部小球芽，切割面消毒杀菌，将其植入土壤中，保持充足的水分。②种子

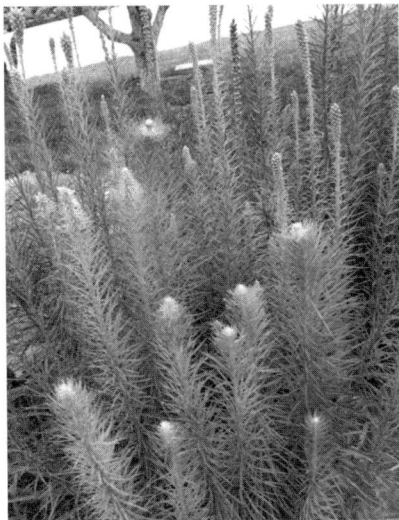

蛇鞭菊的叶

繁殖。种子存活期不到 12 个月，秋季收集的种子可直接播种到花园里。如遇寒冷的冬天，蛇鞭菊的种子需要在潮湿的环境进行低温处理才能在次年春天发芽。可在播种前将种子与湿润的蛭石、泥炭和沙子混合后装入密封袋中，放入冰箱 4℃冷藏至播种。蛇鞭菊作为竖线条花卉，管理粗放，可与玉簪或阔叶植物形成对比。蛇鞭菊可能感染一些真菌病害，如叶斑病和白粉病。

◆ **用途**

蛇鞭菊常应用于花坛、花境、花钵、花园和花海等。当栽培种植形成花海时，大片紫色十分壮观。花中富含花蜜和花粉，可以吸引蝴蝶等昆虫。蛇鞭菊也可作切花和干花。

水 仙

水仙是石蒜科水仙属多年生草本秋植球根花卉。

◆ **起源与分布**

水仙原产于北非、中欧和地中海沿岸，以地中海沿岸为分布中心。同属 30 余种。中国水仙是唐朝时从地中海区域传入的，五代时期至宋代逐渐传开，明清以来广为栽培。由于花形独特、花香怡人等特点，漳州水仙和崇明水仙品牌驰名中外，还常将大球进行人工雕刻和编扎造型。公元前 800 年左右，在埃及已见用法国水仙做的花圈。

◆ **形态特征**

水仙地下具肥大鳞茎，多为卵圆形或球形，外被褐色膜质鳞片。根肉质，白色。叶基生，带状、线状或近圆柱状，多呈二列状互生。花单生或顶生伞形花序，黄色、白色或晕红色，侧向或下垂开放，花被 6，基部合成深浅不同的筒状；花冠呈高脚碟状或喇叭状，中央具杯状或喇叭状的副冠，为水仙属分类的依据。常见的栽培种除中国水仙外，还有喇叭水仙、丁香水仙、仙客来水仙、法国水仙、口红水仙等。

水仙的鳞茎

◆ 生长习性

水仙喜温暖湿润阳光充足的环境，尤以冬无严寒、夏无酷暑、春秋多雨的环境最为适宜。多数种类较耐寒，在中国华北地区稍加保护可露地越冬。水仙对土壤适应性较强，除重黏土及沙砾地之外均可生长。水仙以分生繁殖为主，将母球（鳞茎）周围分生小球（小鳞茎，俗称脚芽）掰下作为种球，于秋季另行栽植。

水仙的叶和花

◆ 用途

水仙株形清秀，花形奇特，芳香，花期较长，适宜室内案头、窗台点缀；亦是很好的地被花卉，可成片散植林下、草坪或水畔，也可布置于早春花坛、花境。

水竹叶

水竹叶是鸭跖草科水竹叶属多年生草本植物，又称肉草（广西）、细竹叶高草（广东）。

◆ 分布及危害

水竹叶分布于中国云南、四川、贵州、湖南、湖北、广东、海南、江苏、安徽、浙江、江西、河南、山东、台湾、福建等地；印度、越南、老挝、柬埔寨也有分布。水竹叶性喜凉爽、湿润气候，耐寒性强，是南方稻田常见杂草，生长迅速、全年生长。

◆ **形态特征**

水竹叶根状茎长而横走，具叶鞘，节上具细长须状根。叶片竹叶形，无柄。花单生于分枝顶端叶腋内，有花梗。花萼 3，雄蕊 6。蒴果卵圆状三棱形，种子短柱状。花期 9 ～ 10 月（但在云南也有 5 月开花的），果期 10 ～ 11 月。种子和茎均能繁殖。

水竹叶的茎

◆ **防治方法**

使它隆和 2 甲 4 氯钠对水竹叶防效较好。每亩用使它隆 50 毫升或 2 甲 4 氯钠 350 毫升，加水 40 千克均匀喷雾。

水竹叶的花

四季秋海棠

四季秋海棠是秋海棠科秋海棠属多年生常绿低矮草本植物。

◆ **起源与分布**

四季秋海棠原产于南美洲，广布阿根廷、巴西、巴拉圭、乌拉圭等国家。四季秋海棠常见于巴西热带低纬度高海拔地区的林下潮湿地，常作一年生栽培使用，为玫红四季海棠的变种。

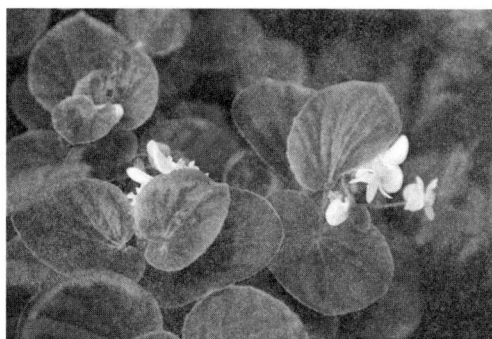

四季秋海棠的叶

◆ **形态特征**

四季秋海棠根部纤维状。茎直立，高度 15～20 厘米，无毛，基部多分枝。叶互生，多生于基部，形成近对生的状态，有光泽，肉质，淡绿色至淡红棕色，卵圆形至广卵圆形，基部微心形，叶缘具小锯齿，无毛。花白色、粉色或红色，数朵花聚生于总花梗上，呈伞状。雄花较大，具 4 个花被片。雌花稍小，具 5 个花被片。蒴果具 3 个翅。

◆ **栽培管理**

四季秋海棠不耐高温也不耐严寒，多数喜温暖凉爽的气候，喜具有散射光、潮湿凉爽的环境，适宜生长在微酸性的砂质土壤中。四季秋海棠的主要繁殖方式是扦插繁殖，一般在秋季和春季进行，主要从健壮母株选用带有 2 片叶子的侧枝作为插穗。也可采用播种繁殖，四季均可，以春秋两季播种最佳。其种子细小，需要把种子和干净的细沙混合后播种，以保证播种均匀且出苗率高。分株繁殖多用于家庭栽培多年的植株。栽培时要注意将温度控制在适宜温度 15～22℃，保持空气湿度

75% ～ 80%，忌积水，浇水后要保湿通风。施肥应少量多次，选用盐碱含量低的肥料，一般可以每 12 天施 1 次有机肥；出花苞时，在有机肥施用基础上增施磷钾复合肥。病虫害较多，主要有软腐病、粉虱和蓟马等。

四季秋海棠的果实

◆ 用途

四季秋海棠叶色亮绿，花朵四季开放，花色丰富，花朵单瓣至重瓣，是园林绿化、室内布置、花坛和栽植槽的理想植物材料，深受市民和园林工作者的喜爱。

酸　浆

酸浆是茄科酸浆属多年生宿根草本植物，又称红菇娘、挂金灯、灯笼草、灯笼果、泡泡草、鬼灯，浆果可供食用、药用和观赏。

◆ 起源与分布

酸浆原产于中国，遍布中国西北、华北和东北等地，亦分布于欧亚大陆。常生长于山坡、林缘、林下、田野、路旁和宅旁。

酸浆的花

◆ **形态特征**

酸浆根系发达，茎基部常匍匐生根。地下茎横生，多分枝，节间生不定根；地上茎直立，茎高 40～80 厘米，分枝稀疏或不分枝，常被柔毛，尤其以幼嫩部分较密。叶互生，长卵形至阔卵形，两面被柔毛。花单生于叶腋，花冠乳白色，钟形，5 裂，裂片广卵形。花萼绿色，钟形，先端 5 裂，边缘及外侧被短毛。宿存果萼卵状、薄革质，网脉显著，顶端闭合，基部凹陷。浆果球状，黄色或橙红色，柔软多汁。种子肾脏形。花期 5～9 月，果期 6～10 月。

◆ **栽培**

酸浆适应性强，耐寒、耐热，喜凉爽、湿润气候，喜阳光，在 5～40℃的温度内均能正常生长；对土壤要求不严格，以肥沃、向阳、排水良好的砂质壤土为好。酸浆一般用种子繁殖，也可用根茎繁殖。越冬根茎每年 5 月中旬出苗，6 月下旬始花，8 月中旬果实开始成熟。酸浆在华北地区 1 年分 3 茬栽培：①春

酸浆的宿存果萼

早熟栽培。1～2月在日光温室或风障阳畦内育苗，4月中旬晚霜过后定植于露地，5月下旬至6月开始采收。②春季露地栽培。3～4月育苗，3月须在塑料大、中、小棚内育苗，4月可在露地育苗。5月定植，6月下旬至7月开始采收。③秋季露地栽培。6月下旬至7月育苗，8月上旬定植于露地，9月下旬至10月开始采收。主要病害有病毒病、叶斑病、白粉病、黄萎病和菌核病，害虫有蚜虫、菜青虫等。

酸浆的浆果

◆ 用途

酸浆的浆果富含维生素、β-胡萝卜素及钙、镁、硼、锌、硒、锗等20多种矿质元素和18种人体需要的氨基酸。浆果可作水果鲜食，亦可加工成果酒、果酱、果冻、果汁饮料、罐头等。酸浆全株可入药，味酸、苦，性寒，具有清热解毒、利咽、通二便之功效。

肖竹芋

肖竹芋是竹芋科肖竹芋属多年生草本植物，又称大花兰花蕉。

◆ **起源**

肖竹芋原产于南非。

◆ **形态特征**

肖竹芋植株直立，高可达 3 米；室
内栽培的株高和冠幅通常不会超过 70
厘米。叶 1 ～ 4 片，呈椭圆形，顶端急
尖，基部多少心形，分为幼叶和成长叶。
幼叶具美丽的玫瑰红或粉红色条纹，后
变白，至叶片成熟颜色消失；成长叶叶

肖竹芋的花

面亮绿色，叶背紫红色。叶柄随植株的生长而伸长变粗，长可达 1.2 米。
叶枕圆柱形，是小叶昼开夜合节律性运动的运动部位。叶鞘占总长的
1/3 ～ 1/2。穗状花序卵形，长 7.5 ～ 8 厘米，宽 5 厘米，苞片排列紧密。
萼片膜质，长圆形，长 2.2 厘米。花冠管与萼等长，白色，裂片长圆形，
紫堇色。外轮退化雄蕊小，硬革质的退化雄蕊 2 瓣裂，黄色；总花梗长
35 厘米。室内栽培时通常不开花。

◆ **生长习性**

肖竹芋喜半阴和高
温多湿的环境，7 ～ 9 月
为生长期，适宜温度为
15 ～ 30℃，越冬温度不低
于 10℃，要求疏松肥沃、
通透性好的栽培基质。肖竹

肖竹芋植株

芋以分株繁殖为主，可在 3～4 月结合翻盆换土进行，也可在初夏日温 20℃左右时进行。生长季节须保持盆土和周围空气湿润，高温干燥时除浇水外，还须进行叶面喷水 2～3 次来增加空气湿度。

◆ 用途

肖竹芋叶色丰富、观赏性强，为阴生植物，可片植或丛植在庭园、公园的树荫下，是阴生植物园中常见的花境、地被植物。肖竹芋还可用作盆栽，放置于宾馆、大型会场、客厅、阳台等室内场所及庭院、门厅等处。由于其叶色丰富且具有好看的斑纹，还是高档的切叶材料，可用于插花。

眼子菜

眼子菜是眼子菜科眼子菜属多年生水生草本植物，又称水上漂。

◆ 分布及危害

眼子菜广布于中国南部大部分省区，俄罗斯、朝鲜及日本也有分布。眼子菜喜生于池塘、水田和水沟等静水中，水体多呈微酸性至中性，为稻田常见杂草，偶为恶性杂草。

◆ 形态特征

眼子菜根茎发达，多分枝，节有须根；茎圆柱形。浮水叶革质，具柄，早落，叶脉多条，顶端相连；沉水叶

眼子菜的花序

草质，具柄，呈鞘状抱茎。花序穗状圆柱形，生长于浮水叶的叶腋处；花黄绿色。小坚果。花期 5 ~ 8 月，果期 9 ~ 11 月。以种子或根茎进行繁殖。

眼子菜的叶

◆ **防治方法**

防治眼子菜的化学药剂较多，如 50% 的排草净乳油 100 ~ 150 毫升、50% 的扑草净可湿性粉剂 70 ~ 90 克、25% 的敌草隆可湿性粉剂 70 ~ 90 克或 78.4% 的禾田净乳油 200 ~ 250 毫升，任意一种每亩拌细潮土均匀撒施即可。此外，在水稻收割后还可以用亩用 25% 的敌草隆（或 50% 的扑草净）可湿性粉剂 200 克兑水 503 克均匀喷射眼子菜，喷药后田内保持无水 4 ~ 5 天，然后按正常情况犁田种小麦、油菜等小春作物。

偃麦草

偃麦草是禾本科偃麦草属多年生根茎疏丛型草本植物，又称匍匐冰草。

◆ **分布**

偃麦草在中国主要分布于新疆、青海、甘肃等省区，东北、内蒙古、西藏等地也有分布；国外主要分布于蒙古国、俄罗斯西伯利亚、日本、朝鲜等国家和地区。偃麦草作为一种抗逆性强、适应性广、营养丰富、容易推广种植的刈牧兼用型优良牧草，20世纪80～90年代已在新疆、内蒙古、黑龙江、吉林、山西、四川等地进行人工栽培驯化，并获得成功。2009年育成中国第一个牧草与生态兼用型偃麦草品种，并在北方干旱、半干旱地区人工草地建植和退化草地改良中广泛应用。

◆ **形态特征**

偃麦草须根系，具横走的根状茎。茎秆直立，光滑无毛，茎叶繁茂，自然高度为60～80厘米。植株下部叶鞘具毛；叶片扁平，质地柔软，长10～20厘米，宽5～10毫米，表面暗绿色至蓝绿色；具爪状叶耳。

穗状花序直立，长10～18厘米；小穗由5～7朵小花组成。小穗的两个颖片具短芒；小花外稃披针形，先端钝或具短尖头；内稃稍短于外稃。颖果矩圆形，暗褐色，背凸腹凹，长约6毫米，千粒重3克左右。

◆ **生长习性**

偃麦草根茎繁殖能力、抗旱性、耐寒性均较强，适宜冷凉较干旱的气候；也较耐湿，可在地下水位较

偃麦草植株

高的地带生长。偃麦草多生于草甸草原暗栗钙土的低湿地带，也常见于山坡、路旁、林地等处及盐碱化草甸和滨海盐碱地。其最突出的优点是能够在其他作物不能忍耐的中度和重度盐碱地上良好生长。在平原低洼地、河滩、湖滨、山沟地带，在平原绿洲的渠旁、田埂和撂荒地上，常有其优势种群。偃麦草喜温暖的气候和湿润、疏松、肥沃的土壤，在中国北方各地均能安全越冬。

◆ **繁育方法**

主要用种子繁殖偃麦草。中国有京草1号、京草2号和新偃1号等育成品种。京草1号和京草2号是以新疆天山北坡野生偃麦草为原始群体，用无性系单株选择和有性繁殖综合育种的方法历时10多年育成的。新偃1号则是经20多年的研究、筛选与评价，通过多次单株选择结合集团选择培育而成的品种。

◆ **栽培管理**

选地与整地

选择地势较高、不积水、相对平坦开阔、土层较厚、肥力中等的壤土或砂壤土地块种植。在播种的前一年，要对土地进行夏翻或秋翻，并进行灌水、耙磨。播前施1500～2000千克/亩厩肥或15～20千克/亩复合肥作基肥，再进行浅耕、耙磨和镇压，使土壤疏松平整，为细小的偃麦草种子发芽出苗创造良好的土壤条件。

选种与播种

播前采用筛选或风选的方法，将成熟度好、籽粒饱满的种子精选出来，并进行纯净度、发芽率等种子质量检验。凡净度在95%、发芽率在 85% 以上的种子均可用于播种。有灌溉条件和春旱不甚严重的地区以春播为好（4～5月），也可夏播或秋播。条播，播种量1.5千克/亩，播深2厘米，行距30～40厘米为宜。也可撒播，播种量2～3千克/亩。播后应及时进行镇压。偃麦草也可以利用根茎直埋无性繁殖。

田间管理

播种当年需加强苗期中耕除草。播种后第二年植株根茎发育旺盛，几乎没有杂草，只需在生长期内松土1～2次。拔节期结合灌溉或降水追施氮肥8～10千克/亩，磷肥5千克/亩；每次刈割后结合灌溉追施氮肥5千克/亩。分蘖期、拔节期和抽穗期视降水情况应各灌水一次，入冬后（气温在0℃左右时）应浇足封冬水。偃麦草不耐涝，低洼地段应注意及时排水。建植后的偃麦草可形成丛生整齐的草地。3～4年以后，地下根茎结成坚硬的草皮，产草量下降。可用圆盘耙切割根茎，疏松土层，改进土壤通透性，使草地更新复壮，提高产草量。

病虫害防治

偃麦草在北方干旱、半干旱地区病害较少。可能发生黏虫、蝗虫等虫害。可选用高效、低毒、低残留的农药进行防治。

◆ **采收加工**

饲草收获以开花期收割为宜。留茬高度5～6厘米。刈割时间选择在天气晴朗且植株表面无露水时进行。收获方式可根据草地面积而定。如果草地面积在10亩以内，可采用背负式割草机或人工刈割；面积大于10亩的草地，一般采用圆盘式或往复式割草机进行刈割。刈割后应及时翻晒，至含水量低于18%时方可打捆，收获优质青干草。种子最佳收获期为蜡熟期，视收种田地块大小，可人工采收或机械采收。

◆ **价值**

偃麦草生长繁茂，叶量丰富，抽穗期茎叶干物质中含粗蛋白质13.4%、粗脂肪2.9%、粗纤维29%、无氮浸出物45.6%、粗灰分9.1%。草质柔软，适宜刈割调制干草或放牧。鲜草营养丰富、适口性好，为马、牛和羊所喜食。抽穗前草质鲜嫩，含纤维素少并具有甜味，适合放牧利用。刈割调制干草，叶片不易脱落。冬季枯草茎叶保留较好，也可收割为贮草。

偃麦草具有抗逆性好、适应性广、空间侵占能力强、耐践踏等特点，已成为中国北方干旱、半干旱地区退化草原改良及植被恢复的重要草种和水土保持、固土护坡、城市绿化的生态用草种。

洋桔梗

洋桔梗是龙胆科洋桔梗属多年生草本植物。

◆ **起源与分布**

洋桔梗原产于美国科罗拉多州、内布拉斯加州、得克萨斯州至新墨西哥州一带。洋桔梗作为切花，在日本和朝鲜等地栽培已有70多年的历史。洋桔梗因清新多变的花色、优美的花型和株形而广受人们的喜爱，是常见的园艺盆花和切花材料，常作一二年生栽培。

◆ 形态特征

洋桔梗株高 30～100 厘米，茎直立。叶对生，阔椭圆形至披针形，全缘，灰绿色，蜡质，叶基微微抱茎。苞片披针形。花钟状，依品种不同有单瓣和重瓣之分，重瓣品种花型似月季花。花色丰富，有红、粉红、紫、淡紫、白、黄等纯色花及具有复色花边的品种。每个花茎可产生 10～20 朵花。自然花期 5～7 月，通过花期调控可实现周年开花。

◆ 栽培管理

洋桔梗喜全日照及冷凉环境，不耐热，生长适温 15℃；喜潮湿、肥沃疏松、排水性好的土壤，一般选用加入草炭土、稻糠及少量石灰的改良园土。基质需要经高温蒸汽或溴化甲醇处理，土壤 pH 维持在 6.5。洋桔梗对肥料的需求量较大，每隔 5～7 天施一次薄肥。洋桔梗种子小，多采用播种形式繁殖，也可进行扦插。从播种至开花需 120～140 天，切花品种需 150～180 天。主要病害有茎枯病、根腐病、灰斑病等，主要虫害有潜叶蝇和蚜虫等。药物防治的同时结合栽培措施的改进来达到降低病虫害的目的，如降低植株种植密度、合理施氮肥、适当增加磷钾肥、提高植株抗病能力等。

洋桔梗植株

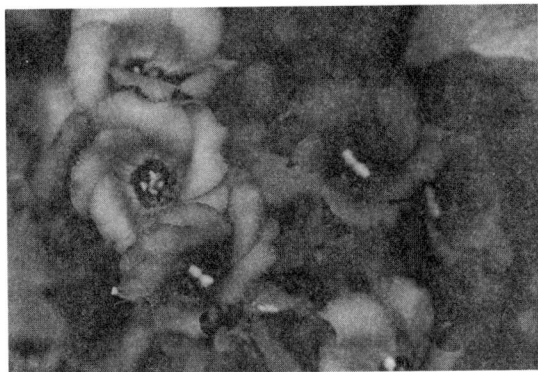

洋桔梗的花

◆　用途

洋桔梗花大美丽，花型奇特，其矮生品种盆栽用于点缀居室、阳台或窗台，也可用于布置花境、花坛、花台等，还是常用的切花材料。

紫羊茅

紫羊茅是禾本科羊茅属多年生密丛型草本植物，又称红狐茅、匍匐紫羊茅。

◆　分布

紫羊茅广泛分布于北美洲、欧亚大陆、北非和澳大利亚的寒冷潮湿地区，以及中国的西南、东北等地，生长于山坡、草地及湿地，是羊茅属中应用最广泛的冷季型草坪草。

紫羊茅有3个亚种，分别是：弱匍匐型紫羊茅、强匍匐型紫羊茅和丛生直立型（密丛型）紫羊茅，栽培中应用的品种基本都是以这3个亚种为亲本，进行杂交培育而成的。

◆ **形态特征**

紫羊茅具短根茎。秆基部斜升或膝曲，株高 30 ～ 60 厘米，基部红色或紫色。叶鞘基部红棕色并破碎成纤维状，叶鞘闭合，鞘外分蘖；叶片光滑柔软，对折或内卷，宽 1.5 ～ 3.0 毫米，叶下表面光滑，叶上表面具 3 ～ 5 脉，叶舌膜质，长 0.1 ～ 0.4 毫米，无叶耳。圆锥花序窄狭，长 9 ～ 13 厘米；小穗先端紫色，长 7 ～ 11 毫米，含 3 ～ 6 小花，成熟时花序呈暗红色；第一颖长 2 ～ 3 毫米，具 1 脉；第二颖长 3.5 ～ 4 毫米，具 3 脉；外稃近边缘处或上半部有微毛或粗糙；第一外稃长 4.5 ～ 6.0 毫米，顶端具 1.5 ～ 3.0 毫米长的短芒；花药长约 3 毫米；子房顶端无毛。颖果，长 4 ～ 5 毫米。

◆ **生长习性**

紫羊茅喜凉爽湿润气候，抗旱抗寒，适于在高海拔地区生长，不耐炎热，在高温地区越夏困难；耐阴性比多数冷季型草坪草强，在较弱光强度下，比其他草坪草生长更快，但质量和植株密度不如全日光下生长的草坪；耐践踏性中等；适于 pH5.5 ～ 6.5 的砂壤土，在水渍地或盐碱地生长不良。

◆ **栽培管理**

紫羊茅主要以播种方式建坪，播种量一般为 12 ～ 20 克 / 米^2，常与草地早熟禾、多年生黑麦草或细弱剪股颖混播。7 ～ 9 天出苗。紫羊茅生长缓慢，不需经常修剪，修剪高度以 4 ～ 6 厘米为宜；需肥量低，若氮肥比例过高，易染病。紫羊茅是较耐粗放管理的优良草坪草种，草坪质量也较好。

◆ **用途**

　　紫羊茅广泛用于冷凉地区的机场、庭院、广场、绿地、公园路旁、林下及其他一般用途的草坪；可用于温暖潮湿地区狗牙根草坪的冬季交播材料；在欧洲，常与匍匐剪股颖混播用于高尔夫球场果领和保龄球场草坪。

本书编著者名单

编著者 （按姓氏笔画排列）

马方舟	王　毅	王建华	王贵启	王家宜
王瑞刚	王德槟	尹淑霞	叶照春	申书兴
包满珠	冯　莉	巩振辉	师尚礼	伊六喜
庄丽芳	刘开林	刘天增	刘祥英	闫利军
纪明山	杜道林	李世琦	李伟华	李国婧
李香菊	李锡香	杨亲二	吴　凡	吴之坤
吴友根	吴沙沙	邱士允	何永福	宋小玲
张吉宇	张志耘	张昌伟	张敬丽	张朝贤
张新全	陈　超	陈发棣	陈雅君	邵　科
范志伟	杭悦宇	周小刚	房伟民	赵宝玉
柏连阳	侯喜林	夏宜平	顾洪如	徐海根
郭　孝	郭　媛	郭信强	唐　伟	黄红娟
黄春艳	崔国文	崔海兰	葛　红	蒋卫杰
覃建林	傅小鹏	谢　磊	强　胜	雷建军
魏守辉	魏臻武			